中国海洋统计年鉴

CHINA MARINE STATISTICAL YEARBOOK 2002

国 家 海 洋 局

Edited by

State Oceanic Administration,

People's Republic of China

海 洋 出 版 社

China Ocean Press

图书在版编目（CIP）数据

中国海洋统计年鉴. 2002/国家海洋局编. —北京：
海洋出版社，2002.11
ISBN 7-5027-5749-X

Ⅰ. 中... Ⅱ. 国... Ⅲ. ①海洋资源－资源管理－统计资料－中国－2002－年鉴－汉、英②海洋开发－统计资料－中国－2002－年鉴－汉、英 Ⅳ. P74-66

中国版本图书馆ＣＩＰ数据核字（2002）第088804号

海洋出版社 出版发行
（100081 北京市海淀区大慧寺路8号）
国家海洋信息中心印刷厂印刷 新华书店发行所经销
2002年12月第1版 2002年12月第1次印刷
开本：787×1092 1/16 印张：16.5
字数：402千字 印数：1～1000册
定价：68.00元

图1　全国主要海洋产业总产值和增加值

Gross Output Value and Added Value of Major Marine Industries

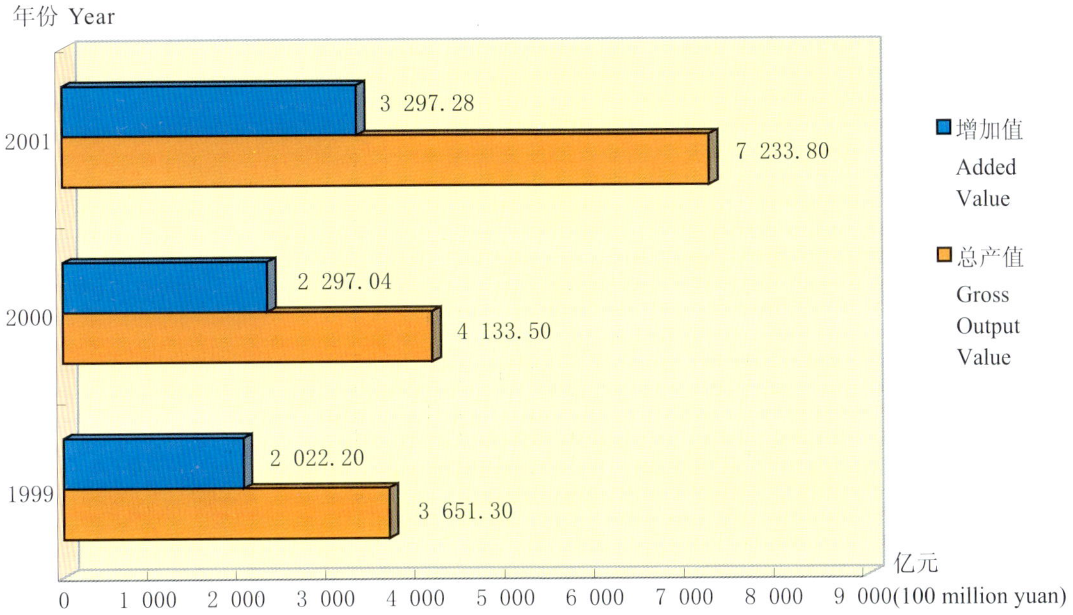

图2　2001年全国主要海洋产业总产值行业构成

Structural Drawing of Major Marine Industries Output Value in 2001

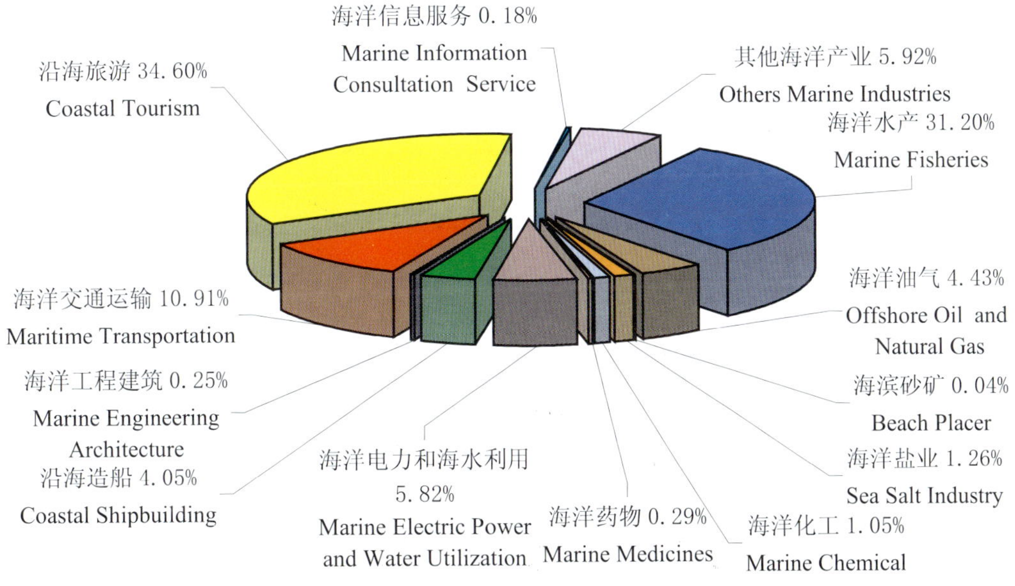

图3 2001年沿海地区主要海洋产业总产值
Gross Output Value of Major Marine Industries by Coastal Regions in 2001

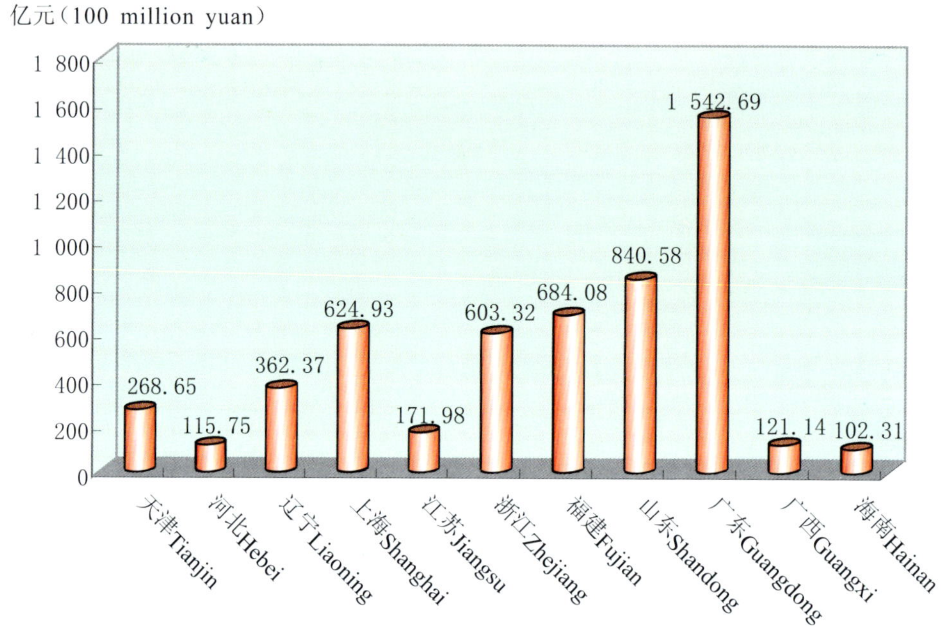

图4 全国海洋水产业总产值
Gross Output Value of Marine Fisheries

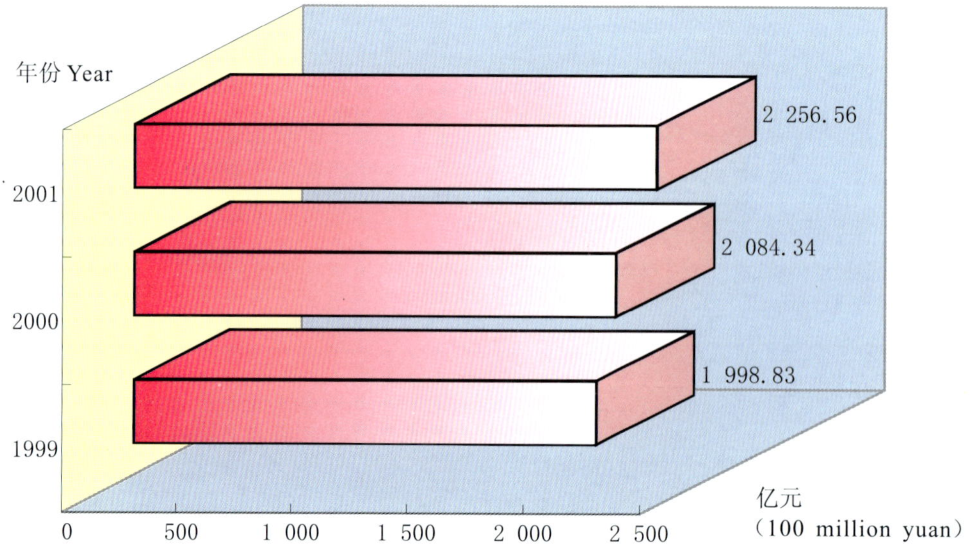

图5　2001年沿海地区海水水产品产量
Seawater Aquatic Products by Coastal Regions in 2001

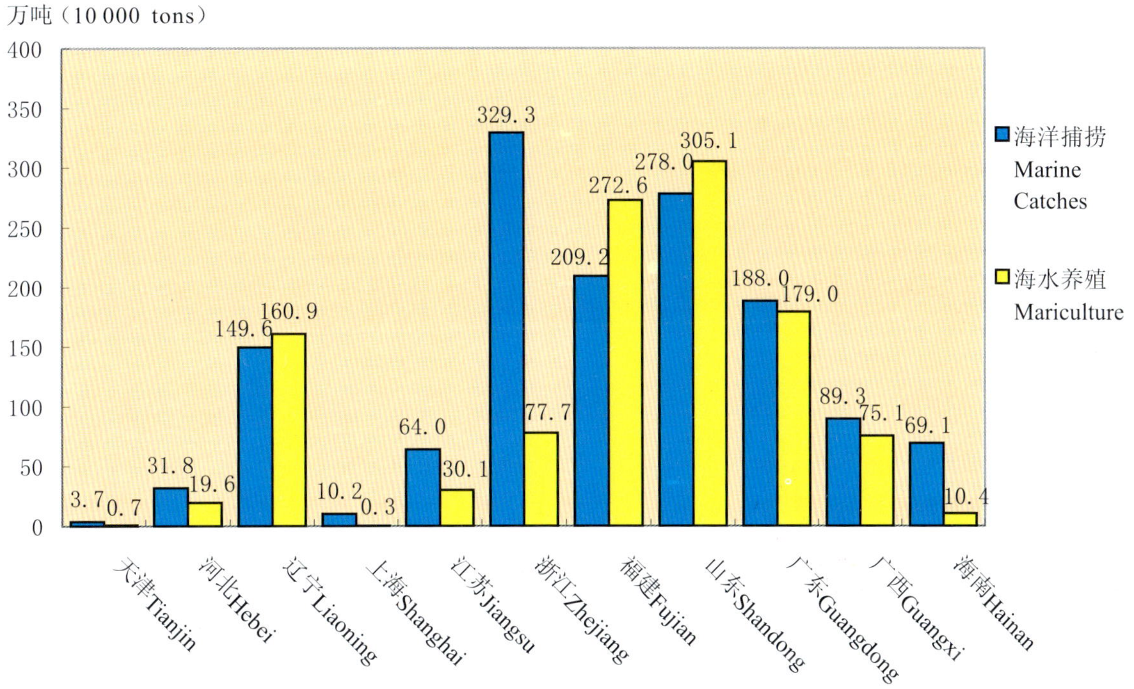

图6　全国海洋石油天然气工业总产值和原油产量
Gross Output Value of Offshore Oil and Natural Gas Industry and Crude Oil Production

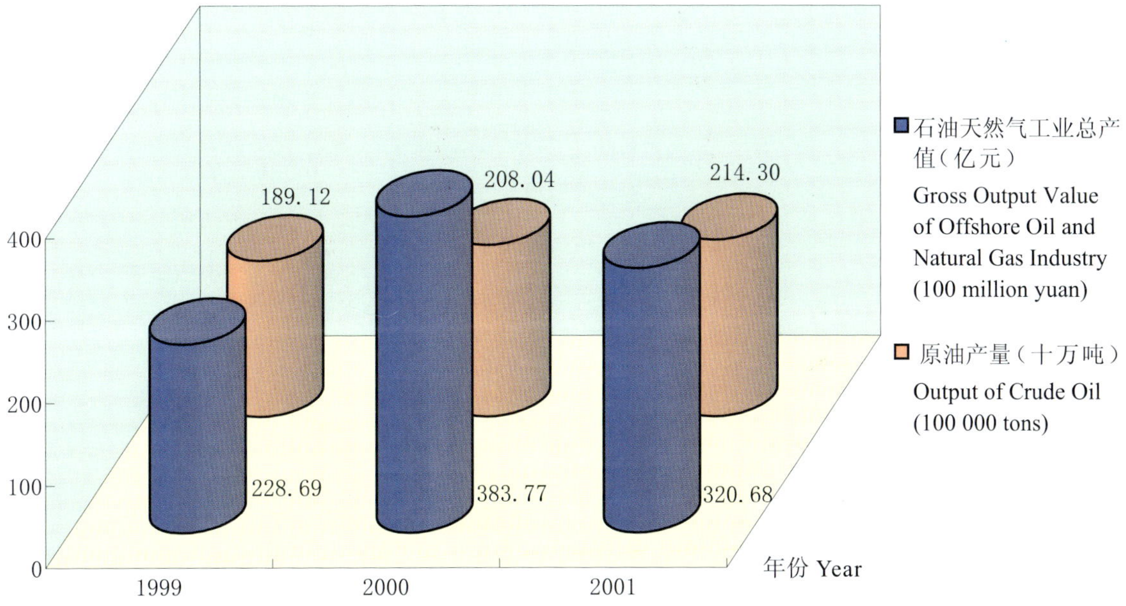

图7 2001年沿海地区海洋石油天然气工业总产值
Gross Output Value of Offshore Oil and Natural Gas Industry by Coastal Regions in 2001

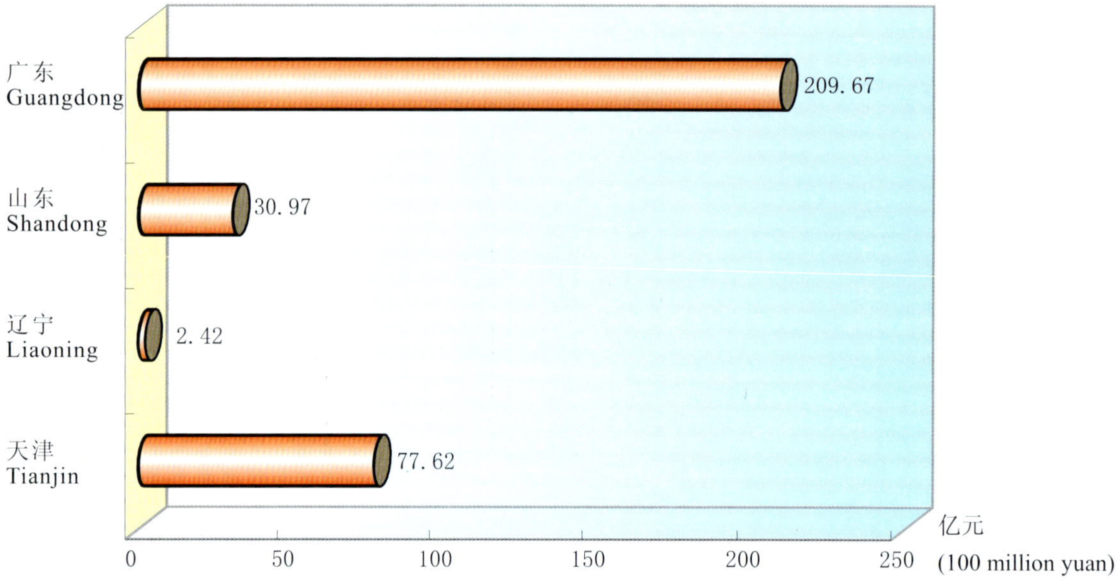

图8 2001年沿海地区海滨砂矿产量和工业总产值
Output of Beach Placer and Gross Output Value of Beach Placer Industry by Coastal Regions in 2001

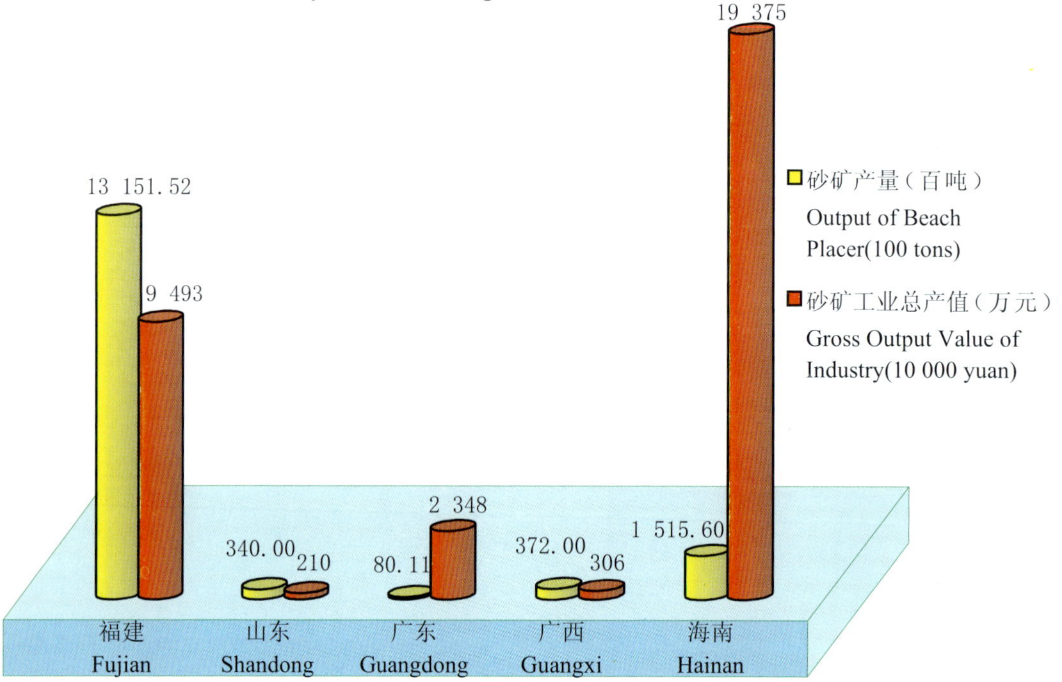

图9　全国海盐产量和工业总产值
Output of Sea Salt and Gross Output Value of Sea Salt Industry

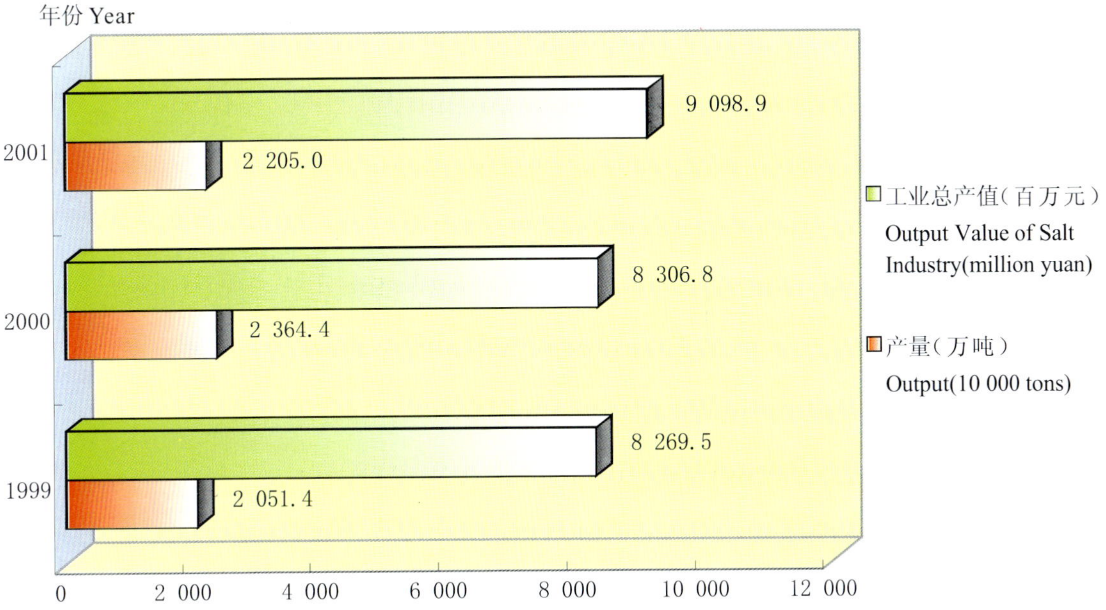

图10　2001年沿海地区海盐产量
Output of Sea Salt by Coastal Regions in 2001

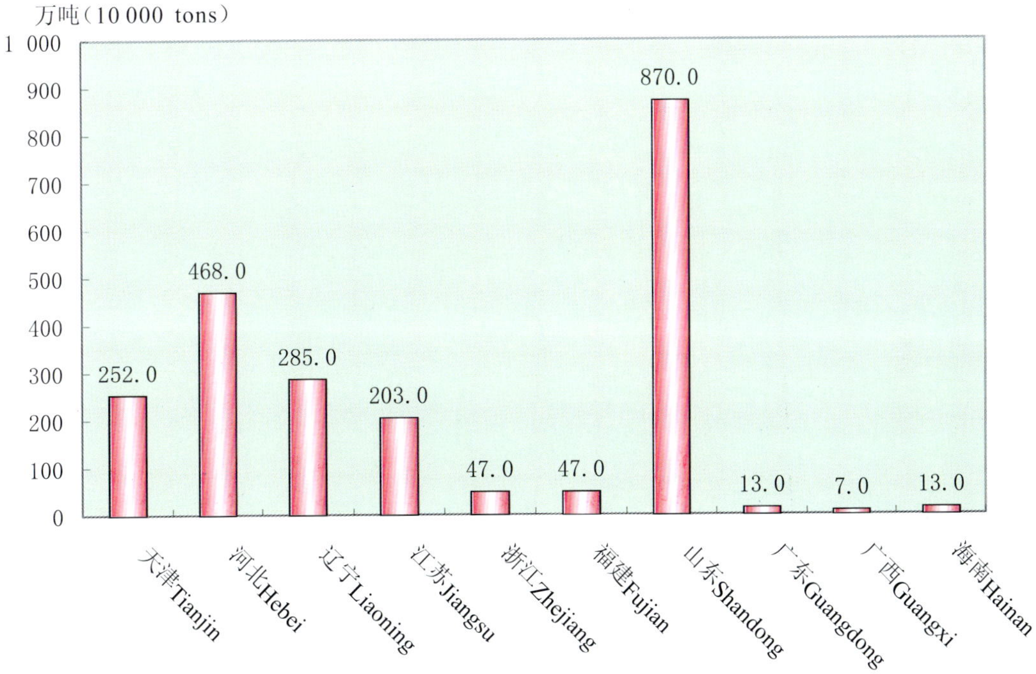

图11 全国沿海造船工业总产值和造船综合吨
Gross Output Value of Coastal Shipbuilding Industry and Comprehensive Tonnages of Shipbuilding

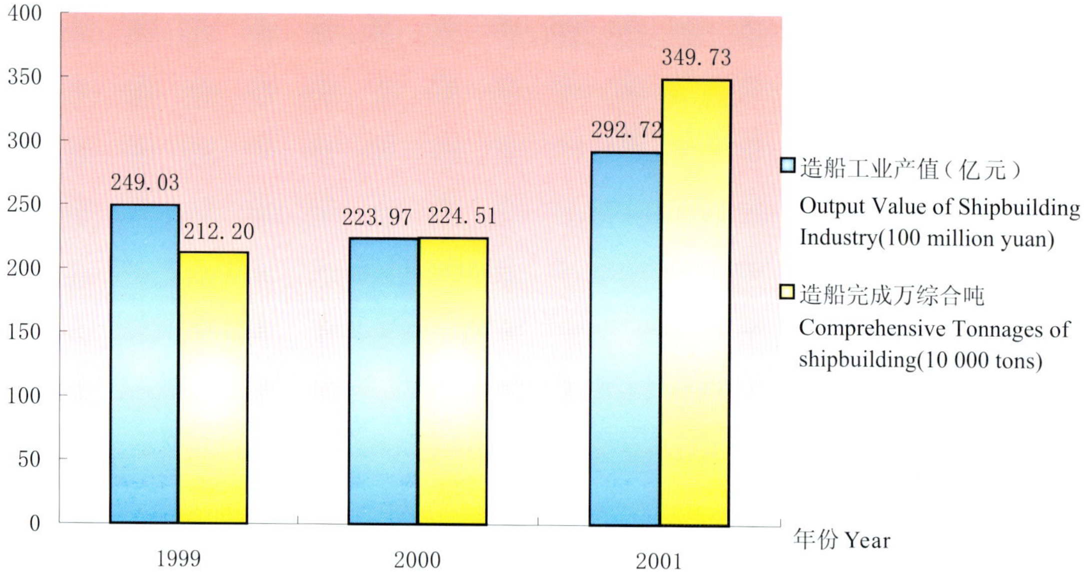

图12 2001年沿海地区造船工业总产值
Gross Output Value of Coastal Shipbuilding Industry by Coastal Regions in 2001

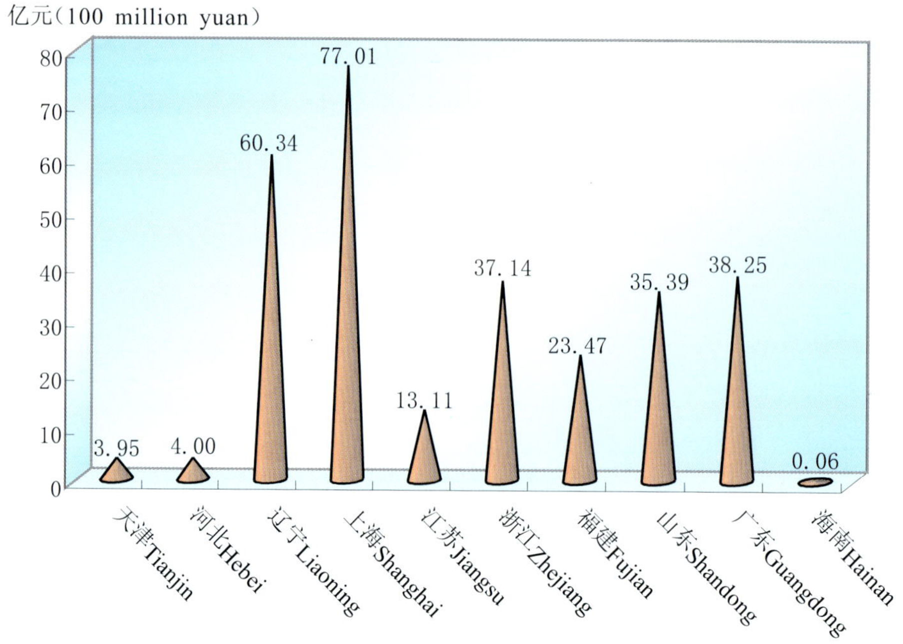

图13 海洋交通运输营运收入
Operating Income of Seaport and Shipping

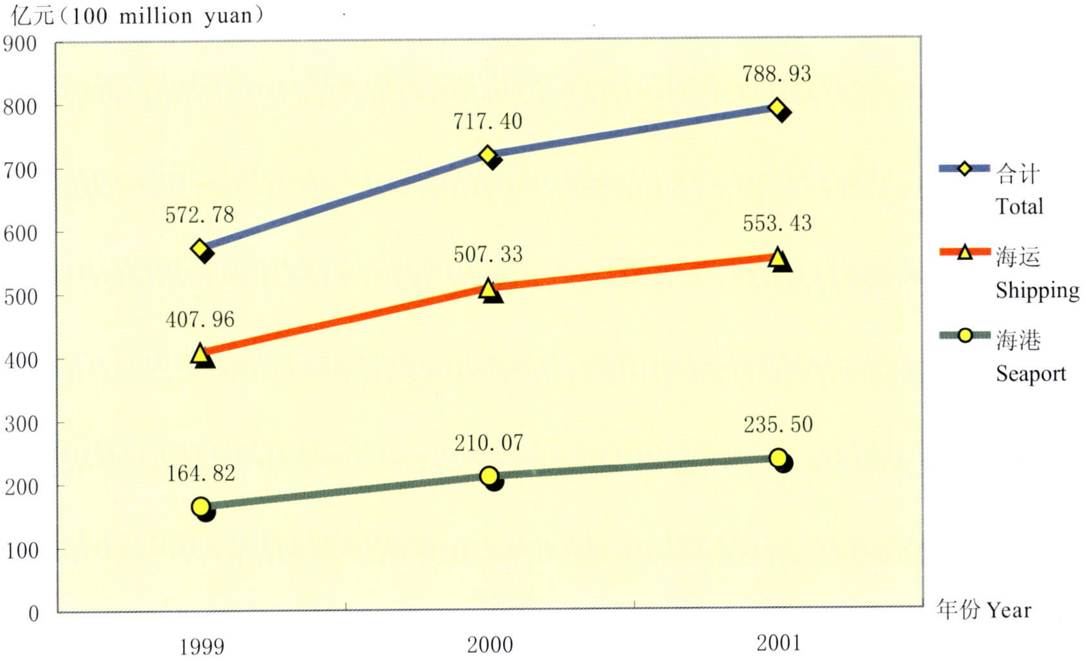

图14 2001年沿海地区海洋交通运输营运收入
Operating Income of Seaport and Shipping by Coastal Regions in 2001

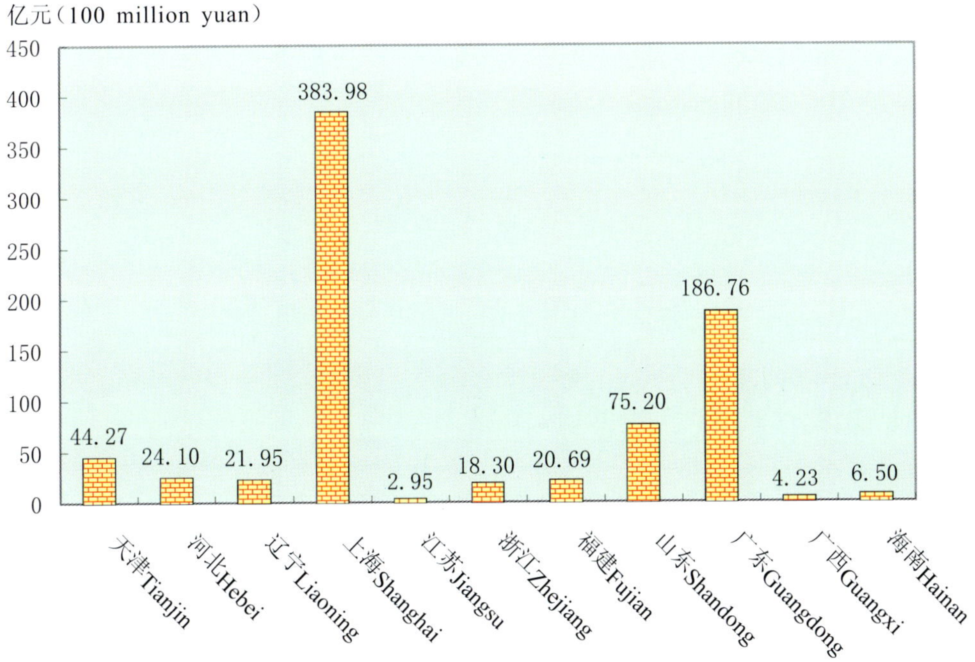

图15 主要沿海城市国际旅游收入和接待来华旅游者人数
International Tourism Exchange Receipts and Tourists Received of Major Coastal Cities

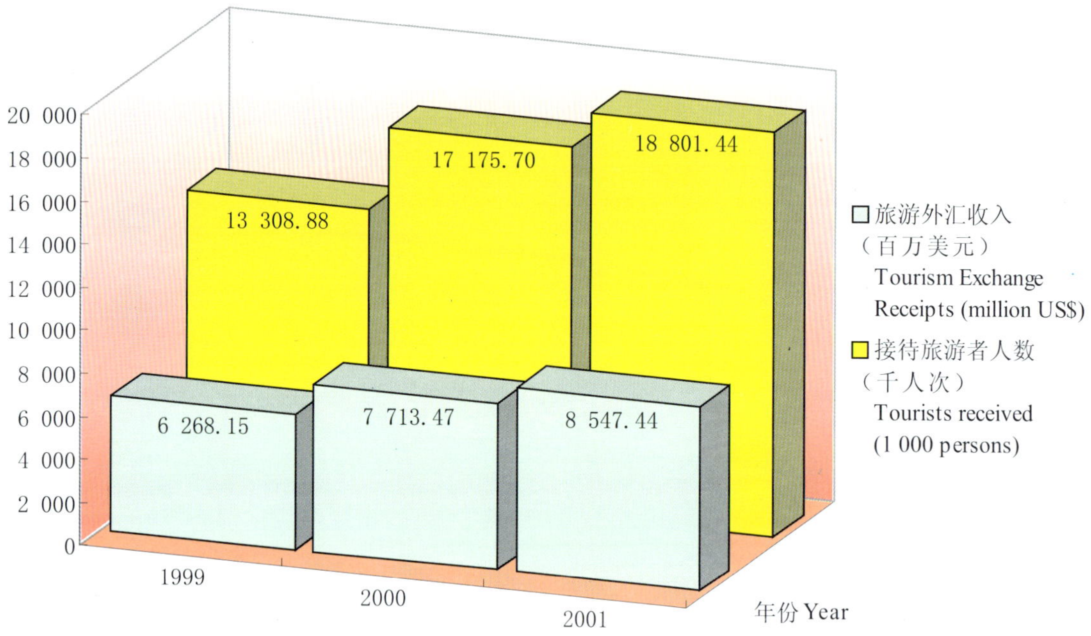

图16 2001年沿海地区国际旅游外汇收入(万美元)
International Tourism Exchange Receipts by Coastal Regions in 2001(10 000US$)

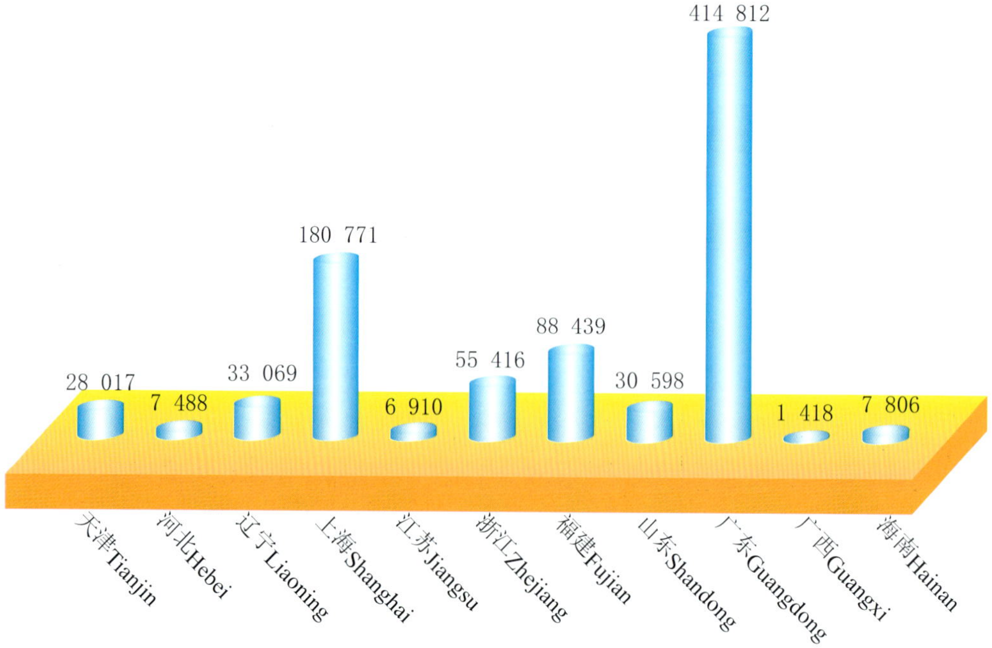

《中国海洋统计年鉴》编委会

《中国海洋统计年鉴》编辑部

编者说明

一、《中国海洋统计年鉴》2002年版是一部全面反映1999~2001年中华人民共和国海洋经济发展和海洋管理服务情况的资料性年鉴，全书为中英文对照。

二、本年鉴的统计资料范围为人们在海洋和沿海地区开发、管理、利用海洋资源和空间，发展海洋经济的生产和活动以及沿海地区的社会经济概况。地域范围为有海岸线的城市和县（县级市）。省、自治区、直辖市、县均按《中华人民共和国行政区划代码》的顺序排列。

三、年鉴资料在原内容包括综合资料、海洋水产、海洋石油和天然气、海滨砂矿、海洋盐业、沿海造船、海洋交通运输、沿海旅游、海洋科技与教育、海洋环境保护、海洋服务、世界海洋经济等十二部分的基础上，从2001年起新增加了海洋化工、海洋生物制药和保健品、海洋电力和海水利用、海洋工程建筑、海洋信息服务及其他海洋产业的内容。另外，将原沿海国际旅游改为沿海旅游，其中包括国际旅游和国内旅游两部分。

四、本年鉴资料主要来源于国务院20个部、委、局、总公司的统计年报、年鉴、资料汇编及沿海省、自治区、直辖市统计局、海洋厅（局）提供的区域性统计资料。

五、海洋社会经济的发展状况，主要由各主要海洋产业（海洋水产、海洋油气、海滨砂矿、海洋盐业、海洋化工、海洋药物、海洋电力、沿海造船、海洋建筑、海洋交通运输、沿海旅游、海洋服务、其他海洋产业等）的总量指标以及沿海城市、县（县级市）的主要社会经济指标两大方面反映出来。

六、本年鉴中除特殊说明外，所有价值量指标均为当年价。年鉴最后附有主要海洋统计指标解释，对主要海洋统计指标的含义、统计范围和统计方法做了简要说明。统计数据中的其他说明置于表的下面。有续表的资料，如有注释均置于最后一张表的下面。

七、本年鉴表格中符号使用说明："…"表示数据不足本表最小计算单位数；"空格"表示该项统计指标数据不详或无该项数据；"#"表示其中的主要项；

其他符号如“*”或“①”等表示本表后面有注释。

八、由于数字精确度的原因，四舍五入后部分分项值之和与合计值有微小差异。

九、本年鉴资料国内部分未包括香港、澳门特别行政区和台湾省数据。

十、《中国海洋统计年鉴》在编汇过程中，得到了各有关单位的大力支持，我们在此表示衷心的感谢。本年鉴中如有疏漏和不妥之处，敬请读者批评指正。

《中国海洋统计年鉴》编辑部

Introduction

Ⅰ. *China Marine Statistical Yearbook (2002)* is a data almanac which reflects in an all-round way the development of marine economy, marine management and service in the People's Republic of China between 1999 and 2001, and it is a Chinese-English bilingual edition.

Ⅱ. The Yearbook's statistics cover the production and activities in the marine and coastal areas in relation to the development, management and utilization of marine resources and space, and the development of marine social economy. The regions covered are cities and counties (county-level cities) with coastlines. The provinces, autonomous regions, municipalities directly under the Central Government, and the counties are arranged in order according to the Administrative Zoning Codes of the People's Republic of China.

Ⅲ. The data in the Yearbook have incorporated from 2001 , on the basis of the original contents including integrated data, marine fisheries, offshore oil and natural gas, beach placer, sea salt industry, coastal shipbuilding, marine communications and transportation, coastal tourism, marine science and education, marine environmental protection, marine service, world marine economy, etc., new additions concerning marine chemical, marine biological pharmaceutical and health products, marine electric power and seawater utilization, marine engineering architecture, and marine information consultation and service industries as well as other marine industries. In addition, the original coastal international tourism is changed into coastal tourism, which consists of two components: international tourism and domestic tourism.

Ⅳ. The main data sources of the Yearbook are the annual statistical reports, yearbooks and data compilations provided by the marine statistical information net consisting of 20 ministries, commissions, bureaus and general corporations as well as the regional statistical data provided by the statistical bureaus and the oceanic administrations of the coastal provinces, autonomous regions and municipalities directly under the Central Government.

Ⅴ. The development status of marine social economy may be manifested in the major social-economic indexes of various major marine industries (such as marine fisheries, offshore oil and natural gas, beach placer, marine salt-making industry, marine chemical industry, marine medicines, marine electric power, coastal shipbuilding, marine architecture, marine communications and transportation, coastal tourism, marine service, other marine industries etc.) and marine social economy of the coastal cities and counties (county-level cities).

Ⅵ. Unless otherwise specified in the Yearbook, all the value indicators are given at the current price. At the end of the Yearbook are attached explanatory notes to the major marine statistical indicators, giving a brief explanation for the meaning, statistical range and statistical methods of the major marine statistical indicators. Other notes to the statistical data are listed below the tables. For the data with continued tables, annotations, if any, are put below the last table.

Ⅶ. The usage of symbols in the tables: "…" indicates the statistics smaller than the minimum calculation unit in the table; "Blank" indicates that the data of the statistical index is unknown for the time being or that there shouldn't be any data; "#" indicates the major items of the table; Other symbols, such as "*" or "①", indicate "see footnotes below".

Ⅷ. For reasons of digital accuracy, there is small difference between the sum of values of some subterms after having been rounded off and the total values.

Ⅸ. The domestic part of the Yearbook does not include that of Hong Kong Special Administrative Region , Macao Special Administrative Region and Taiwan Province .

Ⅹ. In the course of editing *China Marine Statistical Yearbook*, we enjoyed energetic support from the various departments concerned and we hereby extend our heartfelt thanks to them. Criticisms and comments are welcome from readers on any of the oversights and inappropriateness as the time for editing is too short.

Editorial Department of
China Marine Statistical Yearbook

2001年我国海洋经济发展综述

2001年全国海洋产业总产值为7 233.80亿元，扣除新增加的海洋产业产值，同比增长8.7%（除特别注明外，增长率均按1990年不变价计算）；全国海洋产业增加值为3 297.28亿元，占全国国内生产总值的3.4%。以海洋经济为依托的沿海市、县国民经济也保持稳步增长，其国内生产总值合计达37 153.84亿元，占整个沿海地区国内生产总值的61.7%，占全国国内生产总值的38.7%；沿海市、县的工业总产值为46 678.16亿元，占整个沿海地区工业总产值的66.4 %；农业总产值为5 961.82亿元，占整个沿海地区农业总产值的47.7%。

为全面反映海洋经济的发展水平，充分体现海洋经济对国民经济的贡献率，从2001年开始，依据《中华人民共和国海洋行业标准》HY/T052-1999海洋经济统计分类与代码的规定，对原有海洋经济统计指标体系进行了调整和完善，增加了国内旅游和一些新兴的海洋产业，如海洋化工、海洋生物制药和保健品、海洋电力和海水利用、海洋工程建筑、海洋信息服务及其他海洋产业（海洋行业标准中）的统计。据统计，2001年国内旅游收和新增加的海洋产业的产值为2 773.88亿元，占海洋产业总产值的38%。

海洋水产业总产值2 256.56亿元，比上年增长7.1%。海水水产品产量2 572.15万吨，比上年增加1.3%；海洋捕捞产量达1 440.61万吨，比上年减少2.5%，基本上实现了资源保护目标。海水养殖面积为1 286千公顷，比上年扩大3.4%；海水养殖单产8 799公斤/公顷，比上年增加268公斤/公顷；海水养殖总产量1 131.5万吨，比上年增长6.6%。

海洋油气业受国际市场原油价格影响，虽然产量有所增长，但产值下降很多。2001年油气工业总产值为320.68亿元，比上年只增长1.1%。原油产量为2 142.95万吨，比上年增长3.0%；海洋天然气产量45.72亿米^3，比上年减少0.6%。

海滨砂矿工业总产值为3.17亿元，比上年增长3.9%（按现价计算）。

由于国家有关部门几年来对制盐业采取了限产压库政策，2001年海盐产量2 205.0万吨，比上年减少6.7%，工业总产值为90.99亿元，比上年增长9.5%。

2001年沿海造船业加大改革力度，取得显著成绩。在全行业机构改革减少 3 万余人的情况下，修造船完工量达 3.3 万艘，是上年的 27 倍；沿海造船工业总产值达 292.72 亿元，比上年增长 18.1%。

海洋交通运输业全年海洋货物周转量为 24 451.9 亿吨公里，比上年增长 10.2%；沿海主要港口货物吞吐量 14.26 亿吨，比上年增长 13.5%；营运收入 788.93 亿元，比上年增长近 10%（按现价计算）。

近年来，由于我国国内旅游业的蓬勃发展，国内旅游现已具规模，因此，从 2001 年起在原基础上增加了沿海国内旅游收入的内容，其新增的国内旅游收入为 1 796 亿元，远远大于国际旅游收入，国际旅游收入为 85.47 亿美元，折合人民币 706.87 亿元，全年共接待入境旅游者 1 880 万人次，比上年增长 9.5%。

2001 年新增加的沿海地区的海洋化工总产值为 76.27 亿元，增加值为 25.62 亿元；海洋生物制药和保健品业总产值为 20.87 亿元，增加值为 6.63 亿元；海洋电力和海水利用业总产值为 421.32 亿元，增加值为 230.43 亿元；海洋工程建筑业总产值为 17.81 亿元，增加值为 6.36 亿元；海洋信息服务业总产值为 13.10 亿元，增加值为 3.41 亿元；其他海洋产业的总产值为 428.51 亿元，增加值为 112.55 亿元。

沿海省、自治区、直辖市主要海洋产业产值都呈上升趋势。广东省的海洋经济发民仍居榜首，其海洋产业产值达 1 542.69 亿元，其次为山东省，第三是福建省（参见下表）。

沿海地区主要海洋产业总产值 单位：亿元

位　次	地区名称	主要海洋产业总产值
1	广　东	1 542.69
2	山　东	840.58
3	福　建	684.08
4	上　海	624.93
5	浙　江	603.32
6	辽　宁	362.37
7	天　津	268.65
8	江　苏	171.98
9	广　西	121.14
10	河　北	115.75
11	海　南	102.31

注：总产值中未包括国内旅游收入。

由于国家加强了环境污染防治力度，各沿海省(市、自治区)也提高了对环保问题的重视，在排海污水治理方面做了很大努力，近岸水体污染情况有所改善。2001 年沿岸海域主要超标项目为溶解氧，沿海地区工业废水排放达标率为 90.7%，比去年提高 6.2 个百分点，但总的来说，海洋环境总体质量仍不容乐观，尚需进一步的防治和保护。

2001 年海洋科学研究机构 104 所，从业人员 1.4 万人，其中专业技术人员 1 万人。通过科研机构改革，2001 年海洋从业人员比上年减少 400 多人，同时也加大了科技为生产和社会服务的步伐，2001 年科技服务科研课题比上年增长 14%，生产性活动科研课题比上年增长 20%。

2001 年海洋教育为了适应社会和改革发展的需要，对海洋专业做了大幅度调整，合并了一些划分过细不利于综合能力发展的专业，并新增设了一些高新科技和社会发展需要的专业。2001 年海洋教育人才素质普遍提高，博士、硕士研究生专业点数比上年增加 57 个，招生数比上年增加近 200 人；海洋专业本、专科专业点数比上年增加 98 个，招生数增加 7 000 余人，为海洋经济和海洋事业的发展提供了坚实的后备力量。

Condition of China's Marine Economic Development in 2001

In 2001, the total output value of China's national marine industries has reached 723.380 billion yuan, with a year-on-year increase of 8.7% after deducting the newly added output value of marine industries (unless otherwise specified, the increase rate is calculated at the constant price of 1990). The added value of national marine industries is 329.728 billion yuan, accounting for 3.4% of the national GDP of China. The national economy of the coastal cities and counties supported by marine economy has also seen a steady growth, its GDP amounting to 3 715.384 billion yuan, which occupies 61.7% of the GDP of the entire coastal region, and 38.7% of the national GDP. The gross industrial output value of the coastal cities and counties is 4 667.816 billion yuan, accounting for 66.4% of that of the entire coastal region; The gross output value of agriculture is 596.182 billion yuan, occupying 47.7% of that of the entire coastal region.

In order to reflect in an all-round way the developing level of marine economy and give full expression to the contribution of marine economy to the national economy, according to the regulations on the classification and codes for the marine economy statistics in the Marine Industrial Standards of the People's Republic of China (HT/Y 052-1999), starting from 2001, the original statistical index system for marine economy has been adjusted and perfected, having incorporated the statistics on domestic tourism and some newly emerging marine industries, such as marine chemical industry, marine biological pharmacentical and health products industry, marine electric power and seawater utilization industry, marine engineering architecture, marine information service and other marine industries (listed in the Marine Industrial Standards). According to statistics in 2001, the earnings from domestic tourism and the output value of the newly added marine industries have reached 277.388 billion yuan, accounting for 38% of the gross output value of marine industries.

The gross output value of marine aquatic products industry has reached 225.656 billion yuan, registering an increase of 7.1% as against that in the previous year. The output of marine aquatic products has reached 25.721 5 million tons, 1.3% more than that in the previous year. The output of marine fishing has reached 14.406 1 million tons, 2.5% down from that in the previous year, and thus the goal for resource conservation has basically been achieved. The area of mariculture has amounted to 1 286 thousand hectares, 3.4% up from that in the previous year. The per unit area yield of mariculture has reached 8 799 kg/hm^2, increasing by 268 kg/hm^2 as against that in the previous year, and the total output of mariculture has reached 11.315 million tons, 6.6% up from that in the previous year.

Affected by the price of crude oil on the international market, the output value of the offshore oil and gas industry has dropped by a large margin although its production has somewhat grown. The gross output value of the offshore oil and gas industry has reached 32.068 billion yuan in 2001, up 1.1% as against that in the previous year, the production of crude oil is 21.429 5 million tons, increasing by 3.0% as against that in the previous year and the output of natural gas is 4.572 billion cubic metres, 0.6% less than that in the previous year.

The gross output value of beach placer industry is 0.317 billion yuan, 3.9% up from that in the previous year (calculated by current price).

As a result of the fact that the State departments concerned have practised the policy of limiting the salt production and reducing the stock, in 2001, the output of sea salt is 22.050 million tons, 6.7% down from that in the previous year and the gross output value of salt industry is 9.099 billion yuan, 9.5% up from that in the previous year.

Thanks to the enhancement of reform effort, the coastal shipbuilding industry has made significant achievements in 2001. Although the number of workforce has been cut down by over 30 000 during the institutional reform of the whole industry, the number of ships built or repaired has reached 33 000, 27 times that of the previous year. The gross industrial output value of coastal shipbuilding has amounted to 29.272 billion yuan, 18.1% up from that of the previous year.

The freight turnover of marine communications and transportation throughout the year is 2 445.19 billion ton kilometres, 10.2% up from that in the previous year; the volume of cargo handled in the major coastal seaports has amounted to 1.426 billion tons, 13.5% up from that in the previous year. The operational income has reached 78.893 billion yuan, nearly 10.0% up from that in the previous year (calculated at current prices).

In recent years, with the vigorous development of domestic tourism in China, domestic tourism has basically taken shape. Therefore, from 2001 onwards, the content concerning the income from domestic coastal tourism will be added and the newly added income from domestic tourism is 179.6 billion yuan, much more than the earnings from international tourism which is 8.547 billion US dollars (70.687 billion yuan RMB). The total number of overseas tourists received for the whole year has amounted to 18.8 000 million person-times, 9.5% up from that in the previous year.

In 2001, the gross output value of the newly added marine chemical industry in the coastal region is 7.627 billion yuan with an added value of 2.562 billion yuan; the gross output value of the marine biological pharmaceutical and health products industry is 2.087 billion yuan, with an added value of 0.663 billion yuan; the gross output value of the marine electric power and seawater utilization industry is 42.132 billion yuan, with an added value of 23.043 billion yuan,; the gross output value of the marine engineering architecture industry is 1.781 billion yuan, with an added value of 0.636 billion yuan; the gross output value of the marine information service industry is 1.31 billion yuan, with an added value of 0.341 billion yuan; and the gross output value of other marine industries is 42.851 billion yuan, with an added value of 11.255 billion yuan.

The output value of the major marine industries in the coastal provinces, autonomous regions, and municipalities directly under the Central Government is on the rise with Guangdong Province ranking first in the marine economic development, whose output value of marine industries has reached 154.269 billion yuan, Shandong Province second and Fujian Province third (see the table below).

Gross Output Value of Major Marine Industries by Coastal Regions

Unit: 100 million yuan

No.	Region	Gross Output Value of Major Marine Industries
1	Guangdong	1 542.69
2	Shandong	840.58
3	Fujian	684.08
4	Shanghai	624.93
5	Zhejiang	603.32
6	Liaoning	362.37
7	Tianjin	268.65
8	Jiangsu	171.98
9	Guangxi	121.14
10	Hebei	115.75
11	Hainan	102.31

Note: The gross out value does not include domestic tourism.

As the State has intensified the effort of environmental pollution prevention and control, and the coastal provinces (autonomous regions and municipalities directly under the Central Government) have paid more attention to the problem of environmental protection, and made great efforts to control the sewage discharged into the sea, the pollution of nearshore waters has been mitigated to some extent. In 2001, the major superstandard item in the littoral sea area is DO and the up-to-standard rate of the industrial waste water discharge in the coastal region is 90.7%, 6.2 percentage points up from the previous year. But, in general, the prospects for the overall quality of marine environment are still not bright and so further efforts should be made to prevent and control marine environment pollution and protect the environment.

In 2001, China has 104 marine scientific research institutions, employing 14 000 marine staff and workers, of which 10 000 are professional and technical personnel. In 2001, through reform of the scientific research institutions, the number of workforce employed in the marine sector has dropped by over 400 while the steps of making science and technology serve production and society have been quickened. In 2001, the number of the scientific research and service subjects has increased by 14% and the scientific research subjects for productive activities have increased by 20%.

In 2001, to meet the needs of the development of society and reform, adjustments have been made to the marine specialties by a large margin, some specialties which have been divided too elaborately and are unfavorable to the development of integrated capacity have been combined and some hi-tech specialties and those required by social development have been newly established. In 2001, the quality of talented personnel in marine education has been raised universally. The number of specialties conferring doctors' and masters' degrees has increased by 57, with an increase of enrollment of nearly 200 students as compared with that of the previous year and the marine specialties for regular and junior college students have increased by 98 against that of the previous year, with an increase of enrollment of over 7 000, thus providing strong reserve force for the development of marine economy and marine undertakings.

目　　次

CONTENTS

一、综合资料

INTEGRATED DATA

1-1　沿海地区行政区划（2001 年）……………………………………………………………（3）

Administrative Division of Coastal Regions, 2001

1-2　沿海市、县一览表（2001 年）……………………………………………………………（4）

Table of Coastal Cities and Counties, 2001

1-3　沿海地区国内生产总值（2001 年）………………………………………………………（6）

Gross Domestic Product of Coastal Regions, 2001

1-4　沿海地区工农业总产值和增加值（2001 年）……………………………………………（8）

Gross Output Value and Added Value of Industry and Agriculture of Coastal Regions, 2001

1-5　沿海城市国内生产总值　……………………………………………………………（10）

Gross Domestic Product of Coastal Cities

1-6　沿海县（市、区）国内生产总值　…………………………………………………………（15）

Gross Domestic Product of Coastal Counties

1-7　沿海城市工农业总产值和增加值　…………………………………………………………（26）

Gross Output Value and Added Value of Industry and Agriculture of Coastal Cities

1-8　沿海县（市、区）工农业总产值和增加值 ………………………………………………（31）

Gross Output Value and Added Value of Industry and Agriculture of Coastal Counties

1-9　沿海城市人口及从业人员情况（2001 年）………………………………………………（42）

Population and Employers of Coastal Cities, 2001

1-10 沿海县（市、区）人口及从业人员情况（2001 年）……………………………………（45）

Population and Employers of Coastal Counties, 2001

1-11 全国主要海洋产业总产值和增加值（2001 年）…………………………………………（50）

Gross Output Value and Added Value of Major Marine Industries, 2001

1-12 沿海地区主要海洋产业总产值（2001 年）…………………………………………………（51）
Gross Output Value of Major Marine Industries of Coastal Regions, 2001
1-13 海洋社会从业人数（2001 年）…………………………………………………………（54）
Number of Employees in the Marine Sector, 2001
1-14 主要海上活动船舶（2001 年）…………………………………………………………（57）
Major Vessels Operating on the Sea, 2001

二、海洋水产

MARINE FISHERIES

2-1 海洋水产生产情况 ……………………………………………………………………（61）
Survey of Marine Aquatic Production
2-2 沿海地区海洋捕捞产量 …………………………………………………………………（63）
Marine Catches by Coastal Regions
2-3 沿海地区海水养殖产量 …………………………………………………………………（67）
Mariculture Production by Coastal Regions
2-4 沿海地区海水养殖面积 …………………………………………………………………（71）
Mariculture Area by Coastal Regions
2-5 沿海地区海洋水产业总产值 ……………………………………………………………（75）
Gross Output Value of Marine Fisheries by Coastal Regions
2-6 海洋水产业分类产值 ……………………………………………………………………（79）
Output Value of Marine Fisheries by Type
2-7 海洋机动渔船年末拥有量 ………………………………………………………………（79）
Number of Marine Motorized Fishing Vessels Owned by the End of Year
2-8 海洋群众渔业组织、人口、劳动力情况 ………………………………………………（80）
Non-Governmental Fishery Organization, Population and Labour Force

三、海洋石油和天然气

OFFSHORE OIL AND NATURAL GAS

3-1 海洋原油产量…………………………………………………………………………（83）
Output of Offshore Crude Oil
3-2 海洋天然气产量………………………………………………………………………（83）

Output of Offshore Natural Gas
3-3 海洋原油产值……………………………………………………………………………………（84）
Output Value of Offshore Crude Oil
3-4 海洋天然气产值…………………………………………………………………………………（84）
Output Value of Offshore Natural Gas
3-5 海洋原油出口量及创汇额 ………………………………………………………………………（85）
Export Volume and Foreign-Exchange Earnings of Offshore Crude Oil
3-6 海洋油田生产井概况（2001 年）………………………………………………………………（85）
Survey of Offshore Oilfield Production Wells, 2001
3-7 海洋石油勘探工作量（2001 年）………………………………………………………………（86）
Work Volume of Offshore Oil Exploration, 2001
3-8 海洋石油天然气工业总产值 ……………………………………………………………………（87）
Gross Output Value of Offshore Oil and Natural Gas Industry
3-9 海洋石油天然气工业增加值 ……………………………………………………………………（87）
Added Value of Offshore Oil and Natural Gas Industry
四、海滨砂矿
BEACH PLACER
4-1 海滨砂矿产量（2001 年）………………………………………………………………………（91）
Output of Beach Placer, 2001
4-2 海滨砂矿工业总产值和增加值 …………………………………………………………………（91）
Gross Output Value and Added Value of Beach Placer Industry
五、海洋盐业
SEA SALT INDUSTRY
5-1 沿海地区海盐产量 ………………………………………………………………………………（95）
Output of Sea Salt by Coastal Regions
5-2 盐业主要化工产品产量 …………………………………………………………………………（96）
Output of Principal Species in the Salt Industry
5-3 海盐工业总产值、增加值及利税总额 …………………………………………………………（97）
Gross Output Value, Added Value and Total Pre-Tax Profits of Sea Salt Industry

5-4 沿海地区制盐工业生产情况（2001 年）……………………………………………（100）
Survey of Sea Salt Industry by Coastal Regions, 2001

六、海洋化工
MARINE CHEMICAL

6-1 沿海地区海洋化工产业生产情况（2001 年）………………………………………（107）
Gross Output Value of Marine Chemical Industry By Coastal Regions, 2001

七、海洋生物制药和保健品
MARINE BIOLOGICAL PHARMACEUTICAL AND HEALTH PRODUCTS

7-1 沿海地区海洋生物制药和保健品业生产情况（2001 年）……………………………（111）
Gross Output Value of Marine Biological Pharmaceutical Industry and Health Products Industry by Coastal Regions, 2001

八、海洋电力和海水利用
MARINE ELECTRIC POWER AND SEAWATER UTILIZATION

8-1 沿海地区海洋电力业生产情况（2001 年）……………………………………………（115）
Gross Output Value of Marine Electric Power Industry by Coastal Regions, 2001

九、沿海造船
COASTAL SHIPBUILDING

9-1 沿海造船业生产完成情况及职工人数（2001 年）……………………………………（119）
Production and Staff & Workers in the Coastal Shipbuilding Industry, 2001

9-2 沿海造船工业总产值和增加值 ……………………………………………………（120）
Gross Output Value and Added Value of Shipbuilding Industry in Coastal Regions

十、海洋工程建筑
MARINE ENGINEERING ARCHITECTURE

10-1 沿海地区海洋工程建筑业生产情况（2001 年）…………………………………（123）
Gross Output Value of Marine Engineering Architecture Industry by Coastal Regions, 2001

十一、海洋交通运输

MARITIME TRANSPORTATION

11-1 海洋货物运输量 …………………………………………………………（127）

Seaborne Freight Traffic

11-2 海洋货物周转量 …………………………………………………………（128）

Seaborne Freight Ton-kilometers

11-3 海洋国际标准集装箱运量 ………………………………………………（129）

Seaborne Volume of International Standardized Containers Traffic

11-4 海洋国内集装箱运量 ……………………………………………………（130）

Maritime Freight Volume of Domestic Standardized Containers

11-5 海洋旅客运输量 …………………………………………………………（131）

Seaborne Passenger Transport Volume

11-6 沿海主要港口货物吞吐量 ………………………………………………（132）

Cargo Handled at Principal Seaports

11-7 沿海主要港口分货类吞吐量（2001 年） ………………………………（134）

Cargo Handled at Principal Seaports by Type of Cargo, 2001

11-8 分地区沿海主要港口国际标准集装箱吞吐量 …………………………（135）

International Standardized Containers Handled at Principal Seaports by Regions

11-9 分地区沿海主要港口国内集装箱吞吐量 ………………………………（136）

Domestic Standardized Containers Handled at Principal Seaports by Regions

11-10 沿海主要港口旅客吞吐量 ……………………………………………（137）

Passengers Leaving and Arriving at Principal Seaports

11-11 分地区沿海港口客货吞吐量（2001 年）……………………………（138）

Passengers Leaving and Arriving and Cargo Handled at Seaports by Regions, 2001

11-12 沿海对外开放一类水运口岸 …………………………………………（139）

The First Class Open Seaports in Coastal Region

11-13 沿海主要港口生产用码头泊位（截至 2001 年底） …………………（140）

Berths for Productive Use at Principal Seaports (by the end of 2001)

11-14 海洋运输船舶拥有量（2001 年） ………………………………………………（142）
Maritime Transport Vessels, 2001
11-15 海洋交通运输营运收入及增加值 ……………………………………………（144）
Operating Income and Added Value of Seaport and Shipping
十二、沿海旅游
COASTAL TOURISM
12-1 沿海地区旅游收入（2001 年） …………………………………………………（149）
Tourism Receipts By Coastal Regions，2001
12-2 主要沿海城市国际旅游外汇收入 ……………………………………………（149）
International Tourism Receipts in Major Coastal Cities
12-3 沿海地区旅行社单位数（2001 年） ……………………………………………（151）
Number of Travel Agencies in Coastal Regions, 2001
12-4 主要沿海城市接待入境旅游者人数 …………………………………………（152）
International Tourists to Major Coastal Cities
12-5 主要沿海城市星级饭店基本情况（2001 年） …………………………………（154）
Star-rated Hotels and Occupancies in Major Coastal Cities, 2001
12-6 主要沿海城市接待入境旅游者情况（2001 年） ………………………………（155）
Breakdown of International Tourists in Major Coastal Cities, 2001
十三、海洋信息服务
MARINE INFORMATION CONSULTATION SERVICE
13-1 沿海地区海洋信息服务业情况（2001 年） ……………………………………（161）
Gross Output Value of Marine Information Consultation and Service Industry By Coastal Regions, 2001
十四、其他海洋产业
OTHER MARINE INDUSTRIES
14-1 沿海地区其他海洋产业生产情况（2001 年） …………………………………（165）
Gross Output Value of Other Marine Industries By Coastal Regions, 2001

十五、海洋科技与教育

MARINE SCIENCE AND EDUCATION

15-1 分地区海洋科研机构及人员情况（2001年） ……（168）
Marine Scientific Research Institutions and Personnel by Regions, 2001

15-2 分部门海洋科研机构及人员情况（2001年） ……（168）
Marine Scientific Research Institutions and Personnel by Sectors, 2001

15-3 分行业海洋科研机构及人员情况（2001年） ……（170）
Marine Scientific Research Institutions and Personnel by Industries, 2001

15-4 分地区海洋科技课题情况（2001年） ……（170）
Marine Science and Technology Research Projects by Regions, 2001

15-5 分部门海洋科技课题情况（2001年） ……（172）
Marine Science and Technology Research Projects by Sectors, 2001

15-6 分行业海洋科技课题情况（2001年） ……（172）
Marine Science and Technology Research Projects by Industries, 2001

15-7 全国各海洋专业博士研究生情况（2001年） ……（174）
Doctors in Institutions of Higher Learning by Oceanography Specialities, 2001

15-8 全国各海洋专业硕士研究生情况（2001年） ……（175）
Masters in Institutions of Higher Learning by Oceanography Specialities, 2001

15-9 全国各海洋专业本、专科学生情况（2001年） ……（176）
Students in Institutions of Higher Learning and Students in Colleges for Professional Training by Oceanography Specialities, 2001

15-10 全国普通中专各海洋专业学生情况（2001年） ……（177）
Students in Specialized Secondary Schools by Oceanography Specialities, 2001

15-11 全国成人高等教育海洋专业学生情况（2001年） ……（177）
Students in Continuing Education by Oceanography Specialities, 2001

十六、海洋环境保护

MARINE ENVIRONMENTAL PROTECTION

16-1 主要沿岸海域水质综合状况（2001年） ……（181）

Comprehensive Indicators of Water Quality by Major Coastal Area, 2001
16-2 沿海地区工业废水排放及处理情况（2001 年）…………………………………（182）
Discharge and Treatment of Industrial Waste Water by Coastal Regions, 2001
16-3 主要沿海城市工业废水排放及处理情况（2001 年）……………………………（183）
Discharge and Treatment of Industrial Waste Water by Major Coastal Cities, 2001
16-4 沿海地区工业固体废物排放、处理、利用及污染治理项目（2001 年）…………（184）
Discharge, Treatment and Utilization of Industrial Solid Wastes and the Pollution Treatment Projects by Coastal Regions, 2001
16-5 主要沿海城市工业固体废物排放、处理、利用及污染治理项目（2001 年）………（186）
Discharge, Treatment and Utilization of Industrial Solid Wastes and the Pollution Treatment Projects by Major Coastal Cities, 2001
16-6 海洋类型自然保护区建设情况（截至 2000 年）…………………………………（188）
Construction of Marine Nature Reserves, As of 2000

十七、海洋服务

MARINE SERVICE

17-1 沿海海滨观测台站分布概况（2001 年）……………………………………………（191）
Distribution of Coastal Observation Stations, 2001
17-2 沿海地区风暴潮灾害情况（2001 年）……………………………………………（192）
Survey of Storm Surges by Coastal Regions, 2001
17-3 沿海地区赤潮灾害情况（2001 年）………………………………………………（194）
Survey of Red Tide by Coastal Regions, 2001
17-4 海洋监测情况（2001 年）…………………………………………………………（195）
Marine Monitoring Statistics, 2001
17-5 海洋调查概况（2001 年）…………………………………………………………（195）
Marine Survey Statistics, 2001
17-6 海洋预报服务概况（2001 年）……………………………………………………（196）
Marine Forecast Service, 2001

十八、世界海洋经济
WORLD MARINE ECONOMICS

18-1 主要沿海国家国内生产总值 ……………………………………………………………（199）
Gross Domestic Product of Major Coastal Countries
18-2 国家（地区）海洋渔区标称渔获量 …………………………………………………（200）
Nominal Catches of Marine Fishing Regions by Countries or Areas
18-3 国家（地区）海藻和其他养殖品种捕捞产量……………………………………（204）
Capture Production of Seaweeds and Other Aquatic Plants by Countries or Areas
18-4 世界主要外贸海运量（2000 年）……………………………………………………（205）
World Major Maritime Freight Traffic of Foreign Trade , 2000
18-5 世界主要港口集装箱吞吐量（2000 年）……………………………………………（206）
World Major Seaports' Container Handled, 2000
18-6 港口货物吞吐量居世界前 20 位的港口（2000 年）…………………………………（207）
The World First Twenty Seaports of Cargo Handled , 2000
18-7 海上商船拥有量居世界前 20 位的国家或地区（2000 年）…………………………（208）
The World First Twenty Countries or Territories of Maritime Merchant Ships , 2000
18-8 海上商船灭失量居世界前 20 位的国家或地区（2000 年）…………………………（209）
The World First Twenty Countries or Territories of Destroyed Maritime
Merchant Ships ,2000

附录：主要指标解释
EXPLANATORY NOTES ON MAJOR STATISTICAL INDICATORS

一 综合资料

INTEGRATED DATA

1-1 沿海地区行政区划（2001年）
Administrative Division of Coastal Regions, 2001

单位：个 Unit: Number

地　区 Region	沿海城市 Coastal City	沿海县级市 Coastal County-level City	沿海（区）县 Coastal County (District)
合　计 **Total**	**53**	**62**	**77**
天　津 Tianjin	1		3
河　北 Hebei	3	2	6
辽　宁 Liaoning	6	7	4
上　海 Shanghai	1		6
江　苏 Jiangsu	3	5	9
浙　江 Zhejiang	6	11	12
福　建 Fujian	6	7	12
山　东 Shandong	7	14	6
广　东 Guangdong	14	9	13
广　西 Guangxi	3	1	1
海　南 Hainan	3	6	5

1-2 沿海市、县一览表（2001年）
Table of Coastal Cities and Counties, 2001

地 区 Region	沿海城市 Coastal City	沿海县级市 Coastal County-Level City	沿海（区）县 Coastal County (District)
天 津 Tianjin			塘沽 Tanggu 大港 Dagang 汉沽 Hangu
河 北 Hebei	唐山 Tangshan 沧州 Cangzhou 秦皇岛 Qinhuangdao	黄骅 Huanghua 丰南 Fengnan	滦南 Luannan 乐亭 Leting 唐海 Tanghai 昌黎 Changli 抚宁 Funing 海兴 Haixing
辽 宁 Liaoning	大连 Dalian 丹东 Dandong 锦州 Jinzhou 营口 Yingkou 盘锦 Panjin 葫芦岛 Huludao	兴城 Xingcheng 盖州 Gaizhou 东港 Donggang 凌海 Linghai 庄河 Zhuanghe 普兰店 Pulandian 瓦房店 Wafangdian	长海 Changhai 大洼 Dawa 盘山 Panshan 绥中 Suizhong
上 海 Shanghai			宝山 Baoshan 奉贤 Fengxian 金山 Jinshan 南汇 Nanhui 崇明 Chongming 浦东新区 Pudong
江 苏 Jiangsu	南通 Nantong 盐城 Yancheng 连云港 Lianyungang	海门 Haimen 大丰 Dafeng 启东 Qidong 东台 Dongtai 通州 Tongzhou	海安 Hai'an 如东 Rudong 赣榆 Ganyu 灌云 Guanyun 响水 Xiangshui 滨海 Binhai 射阳 Sheyang 东海 Donghai 灌南 Guannan
浙 江 Zhejiang	杭州 Hangzhou 宁波 Ningbo 温州 Wenzhou 绍兴 Shaoxing 舟山 Zhoushan 台州 Taizhou	萧山 Xiaoshan 余姚 Yuyao 慈溪 Cixi 奉化 Fenghua 瑞安 Rui'an 平湖 Pinghu 海宁 Haining 临海 Linhai 上虞 Shangyu 乐清 Yueqing 温岭 Wenling	象山 Xiangshan 宁海 Ninghai 鄞县 Yinxian 洞头 Dongtou 平阳 Pingyang 玉环 Yuhuan 苍南 Cangnan 海盐 Haiyan 绍兴 Shaoxing 岱山 Daishan 嵊泗 Shengsi 三门 Sanmen

续表 continued

地 区 Region	沿海城市 Coastal City	沿海县级市 Coastal County-Level City	沿海（区）县 Coastal County (District)
福 建 Fujian	福州 Fuzhou 厦门 Xiamen 莆田 Putian 泉州 Quanzhou 漳州 Zhangzhou 宁德 Ningde	福安 Fu'an 晋江 Jinjiang 南安 Nan'an 龙海 Longhai 长乐 Changle 石狮 Shishi 福清 Fuqing	连江 Lianjiang 罗源 Luoyuan 平潭 Pingtan 霞浦 Xiapu 莆田 Putian 仙游 Xianyou 惠安 Hui'an 漳浦 Zhangpu 诏安 Zhao'an 东山 Dongshan 云霄 Yunxiao 福鼎 Fuding
山 东 Shandong	青岛 Qingdao 东营 Dongying 烟台 Yantai 潍坊 Weifang 威海 Weihai 日照 Rizhao 滨州Binzhou	胶州 Jiaozhou 即墨 Jimo 胶南 Jiaonan 龙口 Longkou 莱阳 Laiyang 莱州 Laizhou 文登 Wendeng 荣成 Rongcheng 招远 Zhaoyuan 寿光 Shouguang 蓬莱 Penglai 乳山 Rushan 昌邑 Changyi 海阳 Haiyang	垦利 Kenli 广饶 Guangrao 长岛 Changdao 利津 Lijin 无棣 Wudi 沾化 Zhanhua
广 东 Guangdong	广州 Guangzhou 深圳 Shenzhen 珠海 Zhuhai 汕头 Shantou 惠州 Huizhou 汕尾 Shanwei 东莞 Dongguan 中山 Zhongshan 江门 Jiangmen 阳江 Yangjiang 湛江 Zhanjiang 茂名 Maoming 潮州 Chaozhou 揭阳 Jieyang	台山 Taishan 廉江 Lianjiang 澄海 Chenghai 惠阳 Huiyang 新会 Xinhui 潮阳 Chaoyang 恩平 Enping 吴川 Wuchuan 雷州 Leizhou	斗门 Doumen 南澳 Nan'ao 遂溪 Suixi 电白 Dianbai 海丰 Haifeng 饶平 Raoping 惠来 Huilai 徐闻 Xuwen 惠东 Huidong 陆丰 Lufeng 阳东 Yangdong 阳西 Yangxi 揭东 Jiedong
广 西 Guangxi	北海 Beihai 钦州 Qinzhou 防城港Fangchenggang	东兴 Dongxing	合浦 Hepu
海 南 Hainan	海口 Haikou 三亚 Sanya 洋浦 Yangpu	琼海 Qionghai 琼山Qiongshan 儋州 Danzhou 万宁 Wanning 文昌 Wenchang 东方 Dongfang	澄迈 Chengmai 临高 Lingao 乐东 Ledong 陵水 Lingshui 昌江 Changjiang

1-3 沿海地区国内生产总值(2001年)
Gross Domestic Product of Coastal Regions, 2001

单位：亿元 Unit:100 million yuan

地 区 Region	国内生产总值 GDP	第一产业 Primary Industry	第二产业 Secondary Industry	第三产业 Tertiary Industry
全国总计 **National Total**	**95 933.30**	**14 609.90**	**49 069.10**	**32 254.30**
沿海省市总计 **Total of Coastal Province and City**	**60 208.67**	**7 095.99**	**29 407.55**	**23 705.13**
沿海市县合计 **Total of Coastal City and County**	**37 153.84**	**3 651.31**	**18 227.62**	**15 274.91**
沿海城市合计 **Total of Coastal City**	**25 872.90**	**1 596.14**	**12 718.56**	**11 558.20**
沿海县合计 **Total of Coastal County**	**11 280.94**	**2 055.17**	**5 509.06**	**3 716.71**
天 津 **Tianjin**	**1 826.67**	**78.56**	**891.51**	**856.60**
沿海区 Coastal District	633.70	5.08	435.58	193.04
河 北 **Hebei**	**5 088.96**	**824.55**	**2 559.96**	**1 704.45**
沿海城市 Coastal City	1 800.84	304.50	866.50	629.84
沿海县 Coastal County	400.46	109.12	170.71	120.63
辽 宁 **Liaoning**	**5 033.08**	**544.44**	**2 440.55**	**2048.09**
沿海城市 Coastal City	1 556.26	68.68	788.48	699.10
沿海县 Coastal County	565.34	157.59	251.34	156.41
上 海 **Shanghai**	**4 950.84**	**85.50**	**2 355.53**	**2 509.81**
沿海区县 Coastal County	851.73	51.19	421.23	379.31
江 苏 **Jiangsu**	**9 514.60**	**1 088.35**	**4 913.69**	**3 512.56**
沿海城市 Coastal City	380.25	16.18	213.76	150.31
沿海县 Coastal County	1 091.07	297.78	429.47	363.82

续表 continued

地 区 Region	国内生产总值 GDP	第一产业 Primary Industry	第二产业 Secondary Industry	第三产业 Tertiary Industry
浙 江 Zhejiang	**6 748.15**	**695.15**	**3 459.75**	**2 593.25**
沿海城市 Coastal City	2 386.88	99.30	1 201.14	1 086.44
沿海县 Coastal County	2 578.41	290.77	1 478.91	808.73
福 建 Fujian	**4 253.68**	**651.11**	**1 904.21**	**1 698.36**
沿海城市 Coastal City	3 737.90	459.83	1 799.93	1 478.14
沿海县 Coastal County	1 685.30	278.37	821.82	585.11
山 东 Shandong	**9 438.31**	**1 359.49**	**4 654.51**	**3 424.31**
沿海城市 Coastal City	1 966.39	125.34	1 158.20	682.85
沿海县 Coastal County	1 776.05	322.83	887.03	566.19
广 东 Guangdong	**10 556.47**	**1 004.53**	**5 303.98**	**4 247.96**
沿海城市 Coastal City	6 819.47	235.00	3 331.74	3 252.73
沿海县 Coastal County	1 311.08	358.08	521.18	431.82
广 西 Guangxi	**2 231.19**	**562.52**	**791.85**	**876.82**
沿海城市 Coastal City	266.65	105.69	63.50	97.46
沿海县 Coastal County	62.64	24.43	15.83	22.38
海 南 Hainan	**566.72**	**201.79**	**132.01**	**232.92**
沿海城市 Coastal City	180.75	17.56	48.27	114.92
沿海县 Coastal County	325.16	159.93	75.96	89.27

1-4 沿海地区工农业总产值和增加值(2001年)

Gross Output Value and Added Value of Industry and Agriculture of Coastal Regions, 2001

单位：亿元　Unit:100 million yuan

地　区 Region	工 业 Industry		农 业 Agriculture	
	总产值 Output Value	增加值 Added Value	总产值 Output Value	增加值 Added Value
沿海省市总计 Total of Coastal Province and City	**70 335.09**	**25 072.09**	**12 509.87**	**7 095.99**
沿海市县合计 Total of Coastal City and County	**46 678.16**	**14 699.57**	**5 961.82**	**3 651.31**
沿海城市合计 Total of Coastal City	**31 561.68**	**9 812.41**	**2 332.88**	**1 596.14**
沿海县合计 Total of Coastal County	**15 116.48**	**4 887.16**	**3 628.94**	**2 055.17**
天　津 Tianjin	**2 940.44**	**728.10**	**169.51**	**78.56**
沿海区 Coastal District	1 120.88	343.11	11.43	5.08
河　北 Hebei	**2 994.58***	**2 246.73***	**1 539.77***	**824.55***
沿海城市 Coastal City	548.57*	223.42*	29.04*	304.5
沿海县 Coastal County	526.81	143.21	190.95	109.12
辽　宁 Liaoning	**4 480.32**	**2 190.12**	**1 045.70**	**544.44**
沿海城市 Coastal City	1 904.89	710.39	114.13*	68.68
沿海县 Coastal County	1 129.05	228.53	285.55	157.59
上　海 Shanghai	**7 269.17**	**2 128.26**	**227.61**	**85.50**
沿海区县 Coastal County	3 511.15	919.22	136.82	51.19
江　苏 Jiangsu	**11 781.13**	**4 269.09**	**1 983.36**	**1 088.35**
沿海城市 Coastal City	494.35	230.25	31.26	16.18
沿海县 Coastal County	812.49	374.64	587.77	297.78

续表 continued

地 区 Region	工 业 Industry		农 业 Agriculture	
	总产值 Output Value	增加值 Added Value	总产值 Output Value	增加值 Added Value
浙 江 **Zhejiang**	**7 882.75**	**3 106.29**	**1 107.98**	**695.15**
沿海城市 Coastal City	3 230.66	1 173.61	209.08	99.30
沿海县 Coastal County	3 190.69	1 351.52	492.33	290.77
福 建 **Fujian**	**2 945.02**	**875.39**	**1 061.61**	**651.11**
沿海城市 Coastal City	2 544.72	727.29	766.48	459.83
沿海县 Coastal County	842.08	245.90	465.47	278.37
山 东 **Shandong**	**9 378.56**	**4 094.88**	**2 453.96**	**1 359.49**
沿海城市 Coastal City	2 672.22	980.94	211.52	125.34
沿海县 Coastal County	3 160.79	874.73	574.97	322.83
广 东 **Guangdong**	**18 540.48**	**4 732.41**	**1 722.35**	**1 004.53**
沿海城市 Coastal City	9 678.66*	2 833.89*	375.14	235.00
沿海县 Coastal County	1 824.18*	365.54*	611.98	358.08
广 西 **Guangxi**	**1 903.14**	**648.19**	**872.90**	**562.52**
沿海城市 Coastal City	168.31	50.84	174.68	105.69
沿海县 Coastal County	46.81	13.56	43.01	24.43
海 南 **Hainan**	**219.50**	**52.63**	**325.12**	**201.79**
沿海城市 Coastal City	109.69	25.42	24.43	17.56
沿海县 Coastal County	80.60	27.20	228.66	159.93

注：*为上年数。

Note: *last year's data.

1-5 沿海城市国内生产总值

Gross Domestic Product of Coastal Cities

单位：亿元 Unit:100 million yuan

城 市 City	年 份 Year	国内生产总值 GDP	第一产业 Primary Industry	第二产业 Secondary Industry	第三产业 Tertiary Industry
天 津 Tianjin	**1999**	**1 450.06**	**71.01**	**711.93**	**667.12**
	2000	**1 639.36**	**73.54**	**820.17**	**745.65**
	2001	**1 826.67**	**78.56**	**891.51**	**856.60**
河 北① Hebei	**1999**	**1 518.09**	**290.80**	**720.36**	**506.93**
	2000	**1 661.88**	**293.94**	**797.40**	**570.54**
	2001	**1 800.84**	**304.50**	**866.50**	**629.84**
唐 山 Tangshan	1999	832.56	171.37	412.83	248.36
	2000	915.15	173.75	462.35	279.05
	2001	1 006.44	179.40	514.30	312.74
秦皇岛 Qinhuangdao	1999	263.00	41.83	97.22	123.95
	2000	285.39	39.01	103.91	142.47
	2001	307.00	40.00	109.00	158.00
沧 州 Cangzhou	1999	422.53	77.60	210.31	134.62
	2000	461.34	81.18	231.14	149.02
	2001	487.40	85.10	243.20	159.10
辽 宁 Liaoning	**1999**	**1 235.29**	**60.63**	**624.57**	**550.09**
	2000	**1 376.35**	**66.05**	**713.09**	**597.21**
	2001	**1 556.26**	**68.68**	**788.48**	**699.10**
大 连 Dalian	1999	689.14	39.11	294.41	355.62
	2000	790.10	40.17	343.62	406.31
	2001	933.12	41.62	411.71	479.79
丹 东 Dandong	1999	79.66	1.86	30.91	46.89
	2000	82.94	1.94	32.14	48.86
	2001	89.76	2.09	33.90	53.77
锦 州 Jinzhou	1999	82.49	6.11	36.35	40.03
	2000	88.20	5.91	41.70	40.59
	2001	111.17	6.49	50.61	54.07
营 口 Yingkou	1999	97.01	4.72	56.75	35.54
	2000	64.53	8.43	30.62	25.48
	2001	72.58	8.94	34.60	29.04
盘 锦 Panjin	1999	196.07	2.18	155.54	38.35
	2000	254.54	2.58	212.78	39.18
	2001	240.90	2.18	196.38	42.34

续表 continued

城市 City	年份 Year	国内生产总值 GDP	第一产业 Primary Industry	第二产业 Secondary Industry	第三产业 Tertiary Industry
葫芦岛 Huludao	1999	90.92	6.65	50.61	33.66
	2000	96.04	7.02	52.23	36.79
	2001	108.73	7.36	61.28	40.09
上海 Shanghai	**1999**	**4 034.96**	**80.00**	**1 953.98**	**2 000.98**
	2000	**4 551.15**	**83.20**	**2 163.68**	**2 304.27**
	2001	**4 950.84**	**85.50**	**2 355.53**	**2 509.81**
江苏 Jiangsu	**1999**	**289.01**	**13.70**	**155.15**	**120.16**
	2000	**332.80**	**14.02**	**183.93**	**134.85**
	2001	**380.25**	**16.18**	**213.76**	**150.31**
南通 Nantong	1999	134.81	2.33	73.09	59.39
	2000	159.87	2.37	91.74	65.76
	2001	190.20	4.36	113.64	72.20
连云港 Lianyungang	1999	95.35	6.78	54.17	34.40
	2000	103.30	6.82	58.94	37.54
	2001	112.97	6.61	64.74	41.62
盐城 Yancheng	1999	58.85	4.59	27.89	26.37
	2000	69.63	4.83	33.25	31.55
	2001	77.08	5.21	35.38	36.49
浙江 Zhejiang	**1999**	**1 647.98**	**73.49**	**833.86**	**740.63**
	2000	**1 902.30**	**78.44**	**970.93**	**852.93**
	2001	**2 386.88**	**99.30**	**1 201.14**	**1 086.44**
杭州 Hangzhou	1999	604.93	14.52	280.02	310.39
	2000	677.84	14.57	313.67	349.60
	2001	919.14	33.73	423.58	461.83
宁波 Ningbo	1999	379.77	12.48	181.01	186.28
	2000	436.06	12.70	219.44	203.92
	2001	581.31	13.07	288.98	279.26
温州 Wenzhou	1999	290.80	5.73	171.66	113.41
	2000	332.05	5.71	191.93	134.41
	2001	388.39	6.78	224.15	157.46
绍兴 Shaoxing	1999	76.21	2.77	34.51	38.93
	2000	119.16	7.33	54.60	57.23
	2001	127.74	7.30	54.85	65.59

续表 continued

城 市 City	年 份 Year	国内生产总值 GDP	第一产业 Primary Industry	第二产业 Secondary Industry	第三产业 Tertiary Industry
舟 山 Zhoushan	1999	69.11	17.37	24.93	26.81
	2000	80.59	17.92	31.02	31.65
	2001	86.95	17.80	33.19	35.96
台 州 Taizhou	1999	227.16	20.62	141.73	64.81
	2000	256.60	20.21	160.27	76.12
	2001	283.35	20.62	176.39	86.34
福 建[①] **Fujian**	**1999**	**1 255.17**	**55.75**	**634.13**	**565.29**
	2000	**3 416.13**	**506.92**	**1 782.05**	**1 457.96**
	2001	**3 737.90**	**459.83**	**1 799.93**	**1 478.14**
福 州 Fuzhou	1999	447.48	9.99	209.69	227.80
	2000	1 003.27	135.18	466.73	401.36
	2001	1 074.22	132.64	505.63	435.95
厦 门 Xiamen	1999	458.29	21.00	246.02	191.27
	2000	501.87	21.24	265.02	215.61
	2001	558.33	22.03	296.68	239.62
莆 田 Putian	1999	73.52	10.48	37.05	25.99
	2000	198.46	36.74	96.68	65.04
	2001	220.14	37.42	109.08	73.64
泉 州 Quanzhou	1999	186.11	9.55	98.19	78.37
	2000	1 045.08	80.69	559.62	404.77
	2001	1 125.10	81.71	594.38	449.01
漳 州 Zhangzhou	1999	89.77	4.73	43.18	41.86
	2000	474.36	113.66	185.57	175.13
	2001	523.89	119.41	208.43	196.05
宁 德 Ningde	2000	193.09	65.91	75.87	51.31
	2001	236.22	66.62	85.73	83.87
山 东 **Shandong**	**1999**	**1 576.11**	**119.49**	**895.27**	**561.35**
	2000	**1 845.93**	**121.85**	**1 097.75**	**626.33**
	2001	**1 966.39**	**125.34**	**1 158.20**	**682.85**
青 岛 Qingdao	1999	546.86	20.55	280.13	246.18
	2000	628.87	21.01	324.93	282.93
	2001	700.75	21.80	357.69	321.26
东 营 Dongying	1999	255.49	7.38	221.14	26.97
	2000	379.36	7.51	341.72	30.13
	2001	477.18	7.68	405.00	64.50
烟 台 Yantai	1999	255.00	15.62	145.87	93.51
	2000	295.93	15.91	167.69	112.33
	2001	188.59	17.13	103.49	67.97

续表 continued

城市 City	年份 Year	国内生产总值 GDP	第一产业 Primary Industry	第二产业 Secondary Industry	第三产业 Tertiary Industry
潍坊 Weifang	1999	205.00	14.00	118.00	73.00
	2000	183.32	13.02	104.84	65.46
	2001	197.24	13.75	112.20	71.29
威海 Weihai	1999	128.14	13.08	60.52	54.54
	2000	148.94	13.38	76.75	58.81
	2001	168.33	12.88	85.82	69.63
日照 Rizhao	1999	185.62	48.86	69.61	67.15
	2000	209.51	51.02	81.82	76.67
	2001	234.30	52.10	94.00	88.20
广东 Guangdong	**1999**	**4 749.27**	**164.54**	**2 310.62**	**2 274.11**
	2000	**5 860.54**	**218.69**	**2 899.59**	**2 742.26**
	2001	**6 819.47**	**235.00**	**3 331.74**	**3 252.73**
广州② Guangzhou	1999	1 451.13	27.06	590.24	833.83
	2000	2 165.11	65.54	903.43	1 196.14
	2001	2 449.00	67.14	978.81	1 403.05
深圳 Shenzhen	1999	1 436.51	16.48	725.72	694.31
	2000	1 665.47	17.34	874.01	774.12
	2001	1 954.65	18.11	1 055.67	880.87
珠海 Zhuhai	1999	244.84	3.38	134.47	106.99
	2000	330.25	13.85	183.40	133.00
	2001	366.60	15.15	202.80	148.65
汕头 Shantou	1999	219.36	5.84	96.67	116.85
	2000	117.84	6.12	58.92	52.80
	2001	231.84	6.32	100.72	124.80
江门 Jiangmen	1999	134.29	2.30	67.22	64.77
	2000	134.91	2.50	61.24	71.17
	2001	156.51	2.53	72.59	81.39
湛江 Zhanjiang	1999	177.72	16.57	94.92	66.23
	2000	204.23	17.04	112.58	74.61
	2001	215.50	17.18	114.81	83.51
茂名 Maoming	1999	85.01	7.36	43.36	34.29
	2000	117.80	9.00	70.40	38.40
	2001	164.10	18.50	89.83	55.77
惠州 Huizhou	1999	113.77	2.03	85.81	25.93
	2000	137.28	2.40	104.75	30.13
	2001	142.98	2.83	100.44	39.71

续表 continued

城 市 City	年 份 Year	国内生产总值 GDP	第一产业 Primary Industry	第二产业 Secondary Industry	第三产业 Tertiary Industry
阳 江 Yangjiang	1999	62.08	14.15	25.68	22.25
	2000	40.98	14.72	14.21	12.05
	2001	45.67	15.31	16.44	13.92
东 莞 Dongguan	1999	412.78	30.68	227.22	154.88
	2000	488.60	31.08	270.74	186.78
	2001	578.93	31.56	315.30	232.07
中 山 Zhongshan	1999	272.68	24.26	143.42	105.00
	2000	313.52	24.28	170.45	118.79
	2001	362.51	25.02	206.94	130.55
汕 尾 Shanwei	1999	24.63	7.96	6.81	9.86
	2000	27.72	8.09	8.56	11.07
	2001	30.59	8.65	9.29	12.65
潮 州 Chaozhou	1999	44.78	1.10	24.18	19.50
	2000	45.93	1.12	22.80	22.01
	2001	45.05	1.13	20.70	23.22
揭 阳 Jieyang	1999	69.69	5.37	44.90	19.42
	2000	70.90	5.61	44.10	21.19
	2001	75.54	5.57	47.40	22.57
广 西 Guangxi	**1999**	**158.09**	**59.33**	**36.30**	**62.46**
	2000	**169.48**	**61.22**	**38.85**	**69.41**
	2001	**266.65**	**105.69**	**63.50**	**97.46**
北 海 Beihai	1999	62.57	15.92	16.75	29.90
	2000	68.70	16.51	19.44	32.75
	2001	72.88	16.43	20.02	36.43
防城港 Fangchenggang	1999	35.68	11.95	9.69	14.04
	2000	37.32	11.96	9.91	15.45
	2001	49.67	16.67	15.82	17.18
钦 州 Qinzhou	1999	59.84	31.46	9.86	18.52
	2000	63.46	32.75	9.50	21.21
	2001	144.10	72.59	27.66	43.85
海 南 Hainan	**1999**	**146.13**	**14.27**	**36.78**	**95.08**
	2000	**165.48**	**16.85**	**41.56**	**107.07**
	2001	**180.75**	**17.56**	**48.27**	**114.92**
海 口 Haikou	1999	118.46	2.91	30.26	85.29
	2000	133.61	3.19	34.66	95.76
	2001	145.64	3.59	40.27	101.78
三 亚 Sanya	1999	25.61	10.51	5.65	9.45
	2000	29.54	12.77	6.17	10.60
	2001	31.86	13.05	6.69	12.12
洋 浦 Yangpu	1999	2.06	0.81	0.87	0.28
	2000	2.33	0.89	0.73	0.71
	2001	3.25	0.92	1.31	1.02

注：①河北省和福建省沿海城市的数据为全市资料（表1-7同）。
②2000年广州市的数据中含番禺市的数据。

Note: ①The data of Hebei and Fujian Province are that of the whole city（same as Table 1-7）.
② Data of 2000 of Guangzhou includes that of Panyu.

1-6 沿海县（市、区）国内生产总值

Gross Domestic Product of Coastal Counties

单位：亿元 Unit:100 million yuan

沿海县（市、区）Coastal County	年 份 Year	国内生产总值 GDP	第一产业 Primary Industry	第二产业 Secondary Industry	第三产业 Tertiary Industry
天 津 Tianjin	**1999**	**426.58**	**4.08**	**280.06**	**142.44**
	2000	**530.37**	**4.49**	**368.25**	**157.63**
	2001	**633.70**	**5.08**	**435.58**	**193.04**
塘 沽* Tanggu	1999	322.88	1.28	202.48	119.12
	2000	409.21	1.50	272.10	135.61
	2001	503.67	1.55	335.40	166.72
汉 沽 Hangu	1999	18.74	2.18	9.82	6.74
	2000	21.67	2.42	11.93	7.32
	2001	23.18	2.60	12.64	7.94
大 港 Dagang	1999	84.96	0.62	67.76	16.58
	2000	99.49	0.57	84.22	14.70
	2001	106.85	0.93	87.54	18.38
河 北 Hebei	**1999**	**341.17**	**104.00**	**139.42**	**97.75**
	2000	**367.10**	**103.78**	**155.12**	**108.20**
	2001	**400.46**	**109.12**	**170.71**	**120.63**
丰 南 Fengnan	1999	83.08	23.50	34.82	24.76
	2000	92.21	24.50	39.63	28.08
	2001	102.50	25.40	45.20	31.90
滦 南 Luannan	1999	61.05	18.85	26.12	16.08
	2000	65.96	19.66	28.45	17.85
	2001	74.24	20.32	33.38	20.54
乐 亭 Leting	1999	55.58	26.40	13.19	15.99
	2000	60.88	27.31	15.22	18.35
	2001	67.79	29.09	17.44	21.26
唐 海 Tanghai	1999	23.46	7.18	10.20	6.08
	2000	21.92	4.89	10.82	6.21
	2001	24.10	5.40	11.60	7.10
昌 黎 Changli	1999	33.01	13.73	9.20	10.08
	2000	33.96	13.32	9.90	10.74
	2001	36.10	14.10	10.60	11.40
抚 宁 Funing	1999	32.67	8.69	15.03	8.95
	2000	34.21	7.68	16.90	9.63
	2001	36.50	8.30	17.80	10.40
海 兴 Haixing	1999	7.35	1.61	3.67	2.07
	2000	8.13	1.70	4.14	2.29
	2001	8.13	1.70	4.14	2.29

续表 continued

沿海县（市、区）Coastal County	年 份 Year	国内生产总值 GDP	第一产业 Primary Industry	第二产业 Secondary Industry	第三产业 Tertiary Industry
黄 骅 Huanghua	1999	44.97	4.04	27.19	13.74
	2000	49.83	4.72	30.06	15.05
	2001	51.10	4.81	30.55	15.74
辽 宁 Liaoning	**1999**	**536.58**	**149.09**	**240.11**	**147.38**
	2000	**560.55**	**150.77**	**254.26**	**155.52**
	2001	**565.34**	**157.59**	**251.34**	**156.41**
长 海 Changhai	1999	8.73	5.47	0.69	2.57
	2000	10.49	6.95	0.77	2.77
	2001	11.84	8.47	0.76	2.61
瓦房店 Wafangdian	1999	109.46	18.53	66.40	24.53
	2000	115.50	17.04	68.74	29.72
	2001	96.01	19.10	53.53	23.38
普兰店 Pulandian	1999	114.60	19.83	63.89	30.88
	2000	104.67	19.67	61.43	23.57
	2001	92.01	20.50	56.10	15.41
庄 河 Zhuanghe	1999	70.31	20.25	31.49	18.57
	2000	78.09	21.32	36.59	20.18
	2001	90.00	22.13	45.15	22.72
东 港 Donggang	1999	65.86	17.73	25.56	22.57
	2000	71.62	17.22	28.40	26.00
	2001	77.65	18.05	29.50	30.10
凌 海 Linghai	1999	26.85	10.58	8.57	7.70
	2000	28.47	10.75	9.02	8.70
	2001	33.02	11.91	10.61	10.50
盖 州 Gaizhou	1999	35.69	12.19	13.34	10.16
	2000	39.60	11.47	16.93	11.20
	2001	44.13	11.75	18.82	13.56
大 洼 Dawa	1999	26.28	15.69	5.29	5.30
	2000	28.80	16.58	6.59	5.63
	2001	29.64	15.87	7.55	6.22
盘 山 Panshan	1999	27.04	14.46	7.49	5.09
	2000	27.50	14.50	7.45	5.55
	2001	28.23	12.15	9.55	6.53
绥 中 Suizhong	1999	23.25	8.83	5.61	8.81
	2000	25.98	9.34	6.25	10.39
	2001	29.45	11.30	6.68	11.47
兴 城 Xingcheng	1999	28.51	5.53	11.78	11.20
	2000	29.83	5.93	12.09	11.81
	2001	33.36	6.36	13.09	13.91
上 海 Shanghai	**1999**	**652.35**	**46.77**	**320.39**	**285.19**
	2000	**741.60**	**48.66**	**367.38**	**325.56**
	2001	**851.73**	**51.19**	**421.23**	**379.31**

续表 continued

沿海县（市、区）Coastal County	年份 Year	国内生产总值 GDP	第一产业 Primary Industry	第二产业 Secondary Industry	第三产业 Tertiary Industry
浦东新区 Pudong	1999	250.61	5.47	120.09	125.05
	2000	293.29	5.73	140.18	147.38
	2001	345.19	6.06	162.33	176.80
宝 山 Baoshan	1999	103.89	3.05	49.73	51.11
	2000	117.16	3.13	56.65	57.38
	2001	131.23	3.36	64.22	63.65
南 汇 Nanhui	1999	104.32	11.42	56.51	36.39
	2000	119.75	11.91	65.79	42.05
	2001	136.67	12.61	75.63	48.43
奉 贤 Fengxian	1999	78.32	7.60	44.73	25.99
	2000	86.13	7.95	49.55	28.63
	2001	96.80	8.52	56.17	32.11
金 山 Jinshan	1999	64.80	6.42	30.74	27.64
	2000	71.28	6.55	34.99	29.74
	2001	84.01	6.78	40.79	36.44
崇 明 Chongming	1999	50.41	12.81	18.59	19.01
	2000	53.99	13.39	20.22	20.38
	2001	57.83	13.86	22.09	21.88
江 苏 Jiangsu	**1999**	**940.59**	**288.08**	**354.96**	**297.55**
	2000	**1 008.07**	**284.40**	**392.48**	**331.19**
	2001	**1 091.07**	**297.78**	**429.47**	**363.82**
海 安 Hai'an	1999	63.02	18.24	22.42	22.36
	2000	67.76	18.39	25.33	24.04
	2001	74.70	19.28	28.71	26.71
如 东 Rudong	1999	71.63	25.84	23.77	22.02
	2000	77.18	25.65	26.09	25.44
	2001	84.08	26.87	29.05	28.16
海 门 Haimen	1999	107.43	16.60	50.62	40.21
	2000	119.63	17.08	57.63	44.92
	2001	132.92	18.48	64.43	50.01
启 东 Qidong	1999	109.88	26.45	44.42	39.01
	2000	120.20	27.22	49.47	43.51
	2001	132.51	28.27	55.53	48.71
通 州 Tongzhou	1999	121.64	21.44	56.99	43.21
	2000	133.49	22.01	63.86	47.62
	2001	130.11	20.55	61.05	48.51
赣 榆 Ganyu	1999	60.53	20.81	24.66	15.06
	2000	61.99	20.45	25.61	15.93
	2001	66.86	21.68	27.93	17.25
灌 云 Guanyun	1999	51.60	20.24	13.94	17.42
	2000	47.78	15.30	14.52	17.96
	2001	49.53	16.93	13.88	18.72

续表 continued

沿海县（市、区） Coastal County	年 份 Year	国内生产总值 GDP	第一产业 Primary Industry	第二产业 Secondary Industry	第三产业 Tertiary Industry
响 水 Xiangshui	1999	22.03	10.05	5.24	6.74
	2000	20.99	8.76	5.08	7.15
	2001	24.15	9.97	6.08	8.10
滨 海 Binhai	1999	39.45	16.80	11.28	11.37
	2000	40.71	16.28	11.62	12.81
	2001	41.70	16.30	12.30	13.10
射 阳 Sheyang	1999	63.03	22.29	24.14	16.60
	2000	69.52	24.26	26.15	19.11
	2001	77.75	25.52	30.16	22.07
大 丰 Dafeng	1999	70.02	23.95	25.76	20.31
	2000	76.15	24.50	28.69	22.96
	2001	105.05	35.24	37.68	32.13
东 台 Dongtai	1999	82.11	31.20	27.10	23.81
	2000	93.01	33.40	31.45	28.16
	2001	85.00	25.80	32.61	26.59
东 海 Donghai	1999	55.13	22.45	18.55	14.13
	2000	57.30	21.59	20.21	15.50
	2001	62.42	22.65	22.67	17.10
灌 南 Guannan	1999	23.09	11.72	6.07	5.30
	2000	22.36	9.51	6.77	6.08
	2001	24.29	10.24	7.39	6.66
浙 江 Zhejiang	**1999**	**2 103.95**	**269.62**	**1 227.12**	**607.21**
	2000	**2 037.03**	**374.09**	**494.06**	**696.58**
	2001	**2 578.41**	**290.77**	**1 478.91**	**808.73**
余 姚 Yuyao	1999	135.40	18.00	79.00	38.40
	2000	148.21	18.66	86.86	42.69
	2001	163.83	19.31	93.67	50.85
萧 山 Xiaoshan	1999	193.40	18.95	110.24	64.21
	2000	227.90	21.90	126.52	79.48
	2001	276.03	24.52	159.51	92.00
象 山 Xiangshan	1999	69.10	16.70	35.64	16.76
	2000	73.85	18.45	37.02	18.38
	2001	82.02	19.48	41.04	21.50
宁 海 Ninghai	1999	57.30	10.20	35.30	11.80
	2000	63.74	11.02	38.11	14.61
	2001	68.58	11.69	38.29	18.60
鄞 县 Yinxian	1999	135.56	12.01	92.85	30.70
	2000	153.88	11.56	107.28	35.04
	2001	170.06	12.42	115.87	41.77
慈 溪 Cixi	1999	143.26	14.16	86.85	42.25
	2000	163.98	14.61	98.27	51.10
	2001	184.02	15.23	108.24	60.55

续表 continued

沿海县（市、区） Coastal County	年 份 Year	国内生产总值 GDP	第一产业 Primary Industry	第二产业 Secondary Industry	第三产业 Tertiary Industry
奉 化 Fenghua	1999	50.61	8.25	27.27	15.09
	2000	56.60	8.74	30.50	17.36
	2001	62.87	9.14	32.83	20.90
洞 头 Dongtou	1999	8.44	2.87	2.67	2.90
	2000	9.37	3.15	2.82	3.40
	2001	10.22	2.99	2.49	4.74
平 阳 Pingyang	1999	61.41	5.72	35.47	20.22
	2000	67.59	4.25	39.21	24.13
	2001	77.79	6.23	44.15	27.41
苍 南 Cangnan	1999	68.87	9.21	36.37	23.29
	2000	78.45	9.35	42.42	26.68
	2001	88.06	9.80	48.13	30.13
瑞 安 Rui'an	1999	139.55	9.87	84.99	44.69
	2000	151.64	10.30	89.69	51.65
	2001	149.61	10.08	84.65	54.88
乐 清 Yueqing	1999	131.80	10.70	78.40	42.70
	2000	145.62	11.01	86.59	48.02
	2001	162.53	11.47	96.32	54.74
海 盐 Haiyan	1999	49.85	7.08	30.75	12.02
	2000	57.14	7.81	35.30	14.03
	2001	67.12	8.42	40.94	17.76
海 宁 Haining	1999	100.57	10.05	62.18	28.34
	2000	118.89	11.43	71.79	35.67
	2001	135.67	11.57	80.77	43.33
平 湖 Pinghu	1999	63.95	7.95	39.10	16.90
	2000	76.04	8.66	46.86	20.52
	2001	89.58	9.15	55.37	25.06
绍 兴 Shaoxing	1999	202.86	14.88	131.05	56.93
	2000	185.32	12.07	119.49	53.76
	2001	204.35	13.08	131.19	60.08
上 虞 Shangyu	1999	141.17	16.50	91.82	32.85
	2000	141.94	17.15	89.25	35.54
	2001	147.60	17.66	86.86	43.08
岱 山 Daishan	1999	19.29	8.95	4.35	5.99
	2000	21.77	9.53	5.33	6.91
	2001	23.97	9.66	6.40	7.91
嵊 泗 Shengsi	1999	12.96	4.87	2.68	5.41
	2000	14.35	5.35	3.30	5.70
	2001	15.76	5.59	3.58	6.59
临 海 Linhai	1999	70.46	13.21	35.56	21.69
	2000	80.75	13.61	41.66	25.48
	2001	91.46	14.26	47.98	29.22

续表 continued

沿海县（市、区） Coastal County	年 份 Year	国内生产总值 GDP	第一产业 Primary Industry	第二产业 Secondary Industry	第三产业 Tertiary Industry
温 岭 Wenling	1999	159.56	26.63	81.58	51.35
	2000	179.86	25.70	94.58	59.58
	2001	195.09	26.16	101.99	66.94
三 门 Sanmen	1999	19.72	7.46	7.02	5.24
	2000	22.46	7.92	8.42	6.12
	2001	24.87	8.20	9.78	6.89
玉 环 Yuhuan	1999	68.86	15.40	35.98	17.48
	2000	78.35	15.14	42.48	20.73
	2001	87.32	14.66	48.86	23.80
福 建 Fujian	**1999**	**1 544.21**	**278.68**	**760.43**	**505.10**
	2000	**1 595.52**	**275.81**	**774.86**	**545.85**
	2001	**1 685.30**	**278.37**	**821.82**	**585.11**
连 江 Lianjiang	1999	66.16	25.38	17.97	22.81
	2000	70.78	26.25	18.66	25.87
	2001	73.07	26.16	19.81	27.10
罗 源 Luoyuan	1999	28.67	9.17	13.87	5.63
	2000	31.55	10.02	15.24	6.29
	2001	32.85	10.43	15.37	7.05
长 乐 Changle	1999	78.12	15.24	41.33	21.55
	2000	83.48	15.51	44.75	23.22
	2001	85.48	15.53	45.54	24.41
平 潭 Pingtan	1999	30.01	13.62	3.98	12.41
	2000	30.99	12.56	3.98	14.45
	2001	27.92	10.09	3.47	14.36
福 清 Fuqing	1999	179.85	30.59	102.86	46.40
	2000	196.59	31.23	111.88	53.48
	2001	207.07	30.65	118.19	58.23
莆 田 Putian	1999	61.94	17.01	29.53	15.40
	2000	69.28	17.05	33.99	18.24
	2001	76.65	17.58	38.80	20.27
仙 游 Xianyou	1999	40.58	8.96	17.65	13.97
	2000	45.00	9.19	19.43	16.38
	2001	49.40	9.19	21.93	18.28
惠 安 Hui'an	1999	102.98	15.74	57.51	29.73
	2000	123.14	15.87	69.20	39.07
	2001	144.71	16.90	80.91	46.90
晋 江 Jinjiang	1999	274.25	11.17	150.00	113.08
	2000	279.48	10.69	153.60	115.19
	2001	303.55	11.10	168.08	124.37
南 安 Nan'an	1999	167.70	15.41	92.35	59.94
	2000	183.17	14.48	101.53	67.16
	2001	159.41	14.13	84.28	61.00

续表 continued

沿海县（市、区）Coastal County	年份 Year	国内生产总值 GDP			
			第一产业 Primary Industry	第二产业 Secondary Industry	第三产业 Tertiary Industry
云霄 Yunxiao	1999	38.97	8.85	19.03	11.09
	2000	32.54	9.29	10.81	12.44
	2001	34.68	9.72	11.68	13.28
漳浦 Zhangpu	1999	78.47	15.46	41.39	21.62
	2000	67.10	17.21	25.27	24.62
	2001	74.27	18.40	28.41	27.46
诏安 Zhao'an	1999	39.60	15.35	14.82	9.43
	2000	43.50	16.11	15.30	12.09
	2001	46.97	16.00	17.02	13.95
东山 Dongshan	1999	33.38	9.48	14.62	9.28
	2000	34.23	10.36	12.28	11.59
	2001	37.08	11.34	13.29	12.45
龙海 Longhai	1999	95.60	18.49	51.50	25.61
	2000	94.07	19.13	45.37	29.57
	2001	103.16	20.22	49.66	33.28
宁德 Ningde	1998	31.86	8.83	7.94	15.09
	1999	34.50	9.05	8.97	16.48
福安 Fu'an	1999	40.77	11.20	17.45	12.12
	2000	45.52	11.17	20.53	13.82
	2001	49.80	11.14	23.40	15.26
石狮 Shishi	1999	87.69	4.61	46.67	36.41
	2000	94.20	5.18	50.52	38.50
	2001	102.23	5.17	55.44	41.62
福鼎 Fuding	1999	34.48	10.52	12.51	11.45
	2000	36.88	10.50	14.30	12.08
	2001	39.54	10.46	15.95	13.13
霞浦 Xiapu	1999	30.49	13.38	6.42	10.69
	2000	34.02	14.01	8.22	11.79
	2001	37.46	14.16	10.59	12.71
山东 Shandong	**1999**	**1 404.72**	**306.67**	**668.35**	**429.70**
	2000	**1 573.46**	**311.31**	**769.15**	**493.00**
	2001	**1 776.05**	**322.83**	**887.03**	**566.19**
胶州 Jiaozhou	1999	84.03	18.14	38.83	27.06
	2000	103.30	18.58	51.95	32.77
	2001	124.93	19.10	66.32	39.51
即墨 Jimo	1999	92.68	22.17	39.50	31.01
	2000	109.81	22.70	47.29	39.82
	2001	132.95	23.34	60.78	48.83
胶南 Jiaonan	1999	90.85	23.23	42.11	25.51
	2000	109.10	23.81	54.32	30.97
	2001	132.24	24.59	69.70	37.95

续表 continued

沿海县（市、区） Coastal County	年 份 Year	国内生产总值 GDP	第一产业 Primary Industry	第二产业 Secondary Industry	第三产业 Tertiary Industry
垦 利 Kenli	1999	15.60	4.49	7.48	3.63
	2000	18.13	4.64	9.17	4.32
	2001	21.32	5.04	11.32	4.96
利 津 Lijin	1999	19.11	6.96	7.46	4.69
	2000	22.02	7.18	9.21	5.63
	2001	25.42	7.67	11.04	6.71
广 饶 Guangrao	1999	40.64	10.51	16.70	13.43
	2000	45.60	10.80	19.50	15.30
	2001	52.79	11.53	23.26	18.00
海 阳 Haiyang	1999	40.74	15.36	16.35	9.03
	2000	44.49	15.37	18.30	10.82
	2001	50.00	16.00	22.00	12.00
长 岛 Changdao	1999	9.27	5.07	0.60	3.60
	2000	10.26	5.71	0.83	3.72
	2001	10.45	5.79	0.74	3.92
龙 口 Longkou	1999	111.52	16.52	60.89	34.11
	2000	123.80	16.00	69.40	38.40
	2001	140.98	16.51	79.99	44.48
莱 阳 Laiyang	1999	64.33	14.78	29.18	20.37
	2000	70.43	14.66	32.72	23.05
	2001	80.05	15.85	37.82	26.38
莱 州 Laizhou	1999	112.02	21.38	54.77	35.87
	2000	121.33	20.90	58.56	41.87
	2001	125.01	21.11	59.50	44.40
蓬 莱 Penglai	1999	65.01	15.29	28.51	21.21
	2000	72.00	15.22	32.29	24.49
	2001	81.90	16.10	37.90	27.90
招 远 Zhaoyuan	1999	78.13	7.41	46.31	24.41
	2000	84.52	5.87	51.54	27.11
	2001	95.00	6.68	57.21	31.11
昌 邑 Changyi	1999	68.20	15.40	29.10	23.70
	2000	69.70	15.90	29.50	24.30
	2001	63.90	13.40	28.50	22.00
寿 光 Shouguang	1999	91.00	25.70	36.80	28.50
	2000	102.31	27.06	41.62	33.63
	2001	116.10	28.60	47.70	39.80
文 登 Wendeng	1999	142.00	20.63	83.21	38.16
	2000	151.45	20.43	88.24	42.78
	2001	166.97	20.95	97.86	48.16
荣 成 Rongcheng	1999	154.66	34.10	74.95	45.61
	2000	175.50	35.14	91.30	49.06
	2001	196.80	35.50	103.73	57.57

续表 continued

沿海县（市、区）Coastal County	年 份 Year	国内生产总值 GDP	第一产业 Primary Industry	第二产业 Secondary Industry	第三产业 Tertiary Industry
乳 山 Rushan	1999	76.00	15.20	33.50	27.30
	2000	85.01	16.92	38.52	29.57
	2001	95..00	17.69	42.77	34.54
无 棣 Wudi	1999	28.55	7.33	14.49	6.73
	2000	31.40	7.35	16.30	7.75
	2001	35.68	8.38	18.70	8.60
沾 化 Zhanhua	1999	20.38	7.00	7.61	5.77
	2000	23.30	7.07	8.59	7.64
	2001	28.56	9.00	10.19	9.37
广 东 Guangdong	**1999**	**1 479.76**	**363.65**	**624.64**	**491.47**
	2000	**1 204.77**	**339.43**	**471.60**	**393.74**
	2001	**1 311.08**	**358.08**	**521.18**	**431.82**
斗 门 Doumen	1999	41.77	9.67	19.18	12.92
	2000	45.88	9.71	22.17	14.00
澄 海 Chenghai	1999	70.00	13.51	34.23	22.26
	2000	77.40	14.21	37.48	25.71
	2001	86.00	14.17	43.90	27.93
南 澳 Nan'ao	1999	5.01	1.80	1.51	1.70
	2000	8.40	1.84	4.65	1.91
	2001	5.73	1.87	1.84	2.02
恩 平 Enping	1999	39.70	8.40	14.28	17.02
	2000	42.12	8.73	15.19	18.20
	2001	46.25	9.32	16.95	19.98
台 山 Taishan	1999	97.96	18.71	43.48	35.77
	2000	108.80	19.14	49.21	40.45
	2001	115.93	19.10	52.26	44.57
新 会 Xinhui	1999	100.12	17.04	45.72	37.36
	2000	112.32	17.73	53.61	40.98
	2001	125.42	18.53	61.66	45.23
吴 川 Wuchuan	1999	32.96	8.73	13.35	10.88
	2000	29.07	8.76	9.13	11.18
	2001	30.97	8.68	10.08	12.21
遂 溪 Suixi	1999	42.04	17.95	12.05	12.04
	2000	44.46	22.37	9.54	12.55
	2001	46.65	22.98	10.68	12.99
徐 闻 Xuwen	1999	26.43	14.65	4.10	7.68
	2000	27.52	16.09	3.57	7.86
	2001	28.97	16.68	4.01	8.28

续表 continued

沿海县（市、区）Coastal County	年 份 Year	国内生产总值 GDP			
			第一产业 Primary Industry	第二产业 Secondary Industry	第三产业 Tertiary Industry
廉 江 Lianjiang	1999	56.83	22.61	14.12	20.10
	2000	59.64	23.81	14.24	21.59
	2001	63.28	25.42	14.68	23.18
电 白 Dianbai	1999	103.67	32.09	38.95	32.63
	2000	98.28	26.24	35.67	36.37
	2001	84.69	30.61	25.76	28.32
惠 阳 Huiyang	1999	105.13	16.14	51.71	37.28
	2000	105.34	15.03	57.07	33.24
	2001	130.24	17.68	69.31	43.25
惠 东 Huidong	1999	80.33	19.66	38.07	22.60
	2000	26.15	9.27	11.01	5.87
	2001	98.47	21.75	50.16	26.56
海 丰 Haifeng	1999	58.97	16.33	18.34	24.30
	2000	66.76	17.60	20.20	28.96
	2001	74.79	18.50	22.43	33.86
陆 丰 Lufeng	1999	38.43	14.28	14.40	9.75
	2000	37.30	16.04	10.51	10.75
	2001	41.11	17.01	12.35	11.75
饶 平 Raoping	1999	59.66	18.80	22.48	18.38
	2000	61.87	19.72	22.31	19.84
	2001	62.17	20.23	20.57	21.37
阳 东 Yangdong	1999	28.79	14.19	7.47	7.13
	2000	32.65	15.03	9.38	8.24
	2001	36.19	15.48	11.32	9.39
阳 西 Yangxi	1999	22.80	11.94	4.98	5.88
	2000	25.11	12.79	5.68	6.64
	2001	27.91	13.79	6.54	7.58
揭 东 Jiedong	1999	95.07	19.78	53.00	22.29
	2000	99.82	20.05	55.82	23.95
	2001	106.81	20.16	60.34	26.31
惠 来 Huilai	1999	46.01	20.13	18.33	7.55
	2000	47.65	21.32	17.95	8.38
	2001	48.26	21.45	18.00	8.81
雷 州 Leizhou	1999	49.90	24.12	9.75	16.03
	2000	48.23	23.95	7.21	17.07
	2001	51.24	24.67	8.34	18.23
广 西 Guangxi	**1999**	**56.22**	**22.09**	**14.88**	**19.25**
	2000	**57.67**	**22.98**	**14.32**	**20.37**
	2001	**62.64**	**24.43**	**15.83**	**22.38**

续表 continued

沿海县（市、区）Coastal County	年 份 Year	国内生产总值 GDP	第一产业 Primary Industry	第二产业 Secondary Industry	第三产业 Tertiary Industry
合 浦 Hepu	1999	45.11	19.04	13.00	13.07
	2000	45.60	19.78	12.37	13.45
	2001	49.66	20.96	13.85	14.85
东 兴 Dongxing	1999	11.11	3.05	1.88	6.18
	2000	12.07	3.2	1.95	6.92
	2001	12.98	3.47	1.98	7.53
海 南 Hainan	**1999**	**284.71**	**141.71**	**68.12**	**74.88**
	2000	**310.87**	**156.85**	**72.23**	**81.79**
	2001	**325.16**	**159.93**	**75.96**	**89.27**
琼 海 Qionghai	1999	38.24	18.77	7.01	12.46
	2000	41.33	20.15	7.94	13.24
	2001	41.97	19.34	8.32	14.31
儋 州 Danzhou	1999	51.20	27.21	9.39	14.60
	2000	56.21	30.48	10.11	15.62
	2001	57.40	31.64	8.72	17.04
琼 山 Qiongshan	1999	42.34	17.96	14.78	9.60
	2000	45.86	19.41	14.78	11.67
	2001	48.79	19.30	16.86	12.63
文 昌 Wenchang	1999	31.41	14.54	8.19	8.68
	2000	34.20	16.27	8.68	9.25
	2001	36.13	17.01	8.83	10.29
万 宁 Wanning	1999	26.35	10.83	6.71	8.81
	2000	28.00	11.46	7.23	9.31
	2001	28.74	11.37	7.29	10.08
澄 迈 Chengmai	1999	22.38	10.94	7.99	3.45
	2000	23.10	11.34	8.11	3.65
	2001	25.33	11.71	9.45	4.17
临 高 Lingao	1999	15.30	12.05	1.65	1.60
	2000	17.32	13.15	1.96	2.21
	2001	20.30	15.81	2.06	2.43
昌 江 Changjiang	1999	12.12	4.76	4.35	3.01
	2000	14.03	5.26	5.51	3.26
	2001	14.30	5.62	5.18	3.50
东 方 Dongfang	1999	17.71	7.07	5.28	5.36
	2000	20.10	8.99	5.30	5.81
	2001	21.99	8.91	6.85	6.23
乐 东 Ledong	1999	17.17	11.11	1.60	4.46
	2000	19.02	12.87	1.33	4.82
	2001	17.99	11.48	1.20	5.31
陵 水 Lingshui	1999	10.49	6.47	1.17	2.85
	2000	11.70	7.47	1.28	2.95
	2001	12.22	7.74	1.20	3.28

注：*塘沽区数据包括天津经济开发区和保税区的资料(表1-8同)。

Note: *Data of Tanggu District include the data of Tianjin Economic Development Area (TEDA) and Tianjin Port Free Trade Zone (same as Table 1-8).

1-7 沿海城市工农业总产值和增加值
Gross Output Value and Added Value of Industry and Agriculture of Coastal Cities

单位：亿元　Unit:100 million yuan

沿海城市 Coastal City	年 份 Year	工 业 Industry		农 业 Agriculture	
		总产值 Output Value	增加值 Added Value	总产值 Output Value	增加值 Added Value
天 津 Tianjin	**1999**	**2 751.37**	**640.21**	**150.11**	**71.01**
	2000	**3 080.74**	**747.28**	**156.30**	**73.54**
	2001	**2 940.44**	**728.10**	**169.51**	**78.56**
河 北 Hebei	**2000**				
	2001				
唐 山 Tangshan	2000				
	2001				
秦皇岛 Qinhuangdao	2000				
	2001				
沧 州 Cangzhou	2000				
	2001				
辽 宁 Liaoning	**1999**	**2 014.37**	**552.96**	**114.13**	**60.63**
	2000	**2 491.80**	**639.69**		**66.05**
	2001	**1 904.89**	**710.39**		**68.68**
大 连 Dalian	1999	1 230.82	267.73	78.51	39.11
	2000	1 467.80	311.40		40.17
	2001	1 003.56	370.47		41.62
丹 东 Dandong	1999	87.26	28.89	3.32	1.86
	2000	97.52	30.25		1.94
	2001	73.74	31.56		2.09
锦 州 Jinzhou	1999	142.43	30.10	7.47	6.11
	2000	189.33	35.33		5.91
	2001	150.59	41.42		6.49
营 口 Yingkou	1999	121.86	52.61	9.41	4.72
	2000	143.40	25.83		8.43
	2001	112.28	29.06		8.94
盘 锦 Panjin	1999	241.22	129.19	3.56	2.18
	2000	348.47	190.91		2.58
	2001	352.43	183.02		2.18
葫芦岛 Huludao	1999	190.78	44.44	11.86	6.65
	2000	245.28	45.97		7.02
	2001	212.29	54.86		7.36
上 海 Shanghai	**1999**	**5 665.65**	**1 758.68**	**206.90**	**80.00**
	2000	**6 604.41**	**1 956.66**	**216.50**	**83.20**
	2001	**7 269.17**	**2 128.26**	**227.61**	**85.50**

续表 continued

沿海城市 Coastal City	年份 Year	工业 Industry 总产值 Output Value	工业 Industry 增加值 Added Value	农业 Agriculture 总产值 Output Value	农业 Agriculture 增加值 Added Value
江苏 Jiangsu	**1999**	**505.17**	**131.79**	**28.02**	**13.70**
	2000	**443.03**	**156.40**	**29.00**	**14.02**
	2001	**494.35**	**230.25**	**31.26**	**16.18**
南通 Nantong	1999	227.14	63.48	5.60	2.33
	2000	248.94	81.06	5.79	2.37
	2001	292.14	101.07	10.40	4.36
连云港 Lianyungang	1999	179.19	45.29	13.21	6.78
	2000	109.12	47.74	13.53	6.82
	2001	112.18	101.07	10.43	6.61
盐城 Yancheng	1999	98.84	23.02	9.21	4.59
	2000	84.97	27.60	9.68	4.83
	2001	90.03	28.11	10.43	5.21
浙江[①] Zhejiang	**1999**		**700.59**	**128.76**	**73.49**
	2000	**5 198.06**	**824.49**	**379.28**	**78.44**
	2001	**3 230.66**	**1 173.61**	**209.08**	**99.30**
杭州 Hangzhou	1999		219.42	21.94	14.52
	2000	1 543.57	247.24	75.43	14.57
	2001	1 615.62	490.53	87.91	33.73
宁波 Ningbo	1999		153.07	19.00	12.48
	2000	1 427.70	190.30	71.58	12.70
	2001	751.58	254.80	19.99	13.07
温州 Wenzhou	1999		152.02	10.03	5.73
	2000	625.89	169.38	33.20	5.71
	2001	381.93	196.28	12.63	6.78
绍兴 Shaoxing	1999		28.80	3.99	2.77
	2000	1 045.13	44.91	62.18	7.33
	2001	161.62	43.34	11.02	7.30
舟山 Zhoushan	1999		17.37	39.72	17.37
	2000	74.22	24.96	74.52	17.92
	2001	72.00	26.43	41.63	17.80
台州 Taizhou	1999		129.91	34.08	20.62
	2000	481.55	147.70	62.37	20.21
	2001	247.91	162.23	35.90	20.62
福建[①] Fujian	**1999**	**1 740.78**		**92.25**	**55.75**
	2000	**2 247.61**	**664.86**	**780.36**	**469.22**
	2001	**2 544.72**	**727.29**	**766.48**	**459.83**

续表 continued

沿海城市 Coastal City	年份 Year	工业 Industry 总产值 Output Value	工业 Industry 增加值 Added Value	农业 Agriculture 总产值 Output Value	农业 Agriculture 增加值 Added Value
福州 Fuzhou	1999	550.15		16.92	9.99
	2000	750.11	232.50	217.42	135.18
	2001	787.44	248.32	215.39	132.64
厦门 Xiamen	1999	698.54		33.34	21.00
	2000	699.68	210.46	33.83	21.24
	2001	803.29	194.06	35.57	22.03
莆田 Putian	1999	83.13		16.19	10.48
	2000	116.70	34.91	59.01	36.74
	2001	148.55	47.52	60.43	37.42
泉州 Quanzhou	1999	281.04		17.11	9.55
	2000	466.23	126.11	135.43	80.69
	2001	564.92	164.31	138.50	81.71
宁德 Ningde	2000	46.92	16.67	109.55	65.91
	2001	54.20	20.52	110.55	66.62
漳州 Zhangzhou	1999	127.92		8.69	4.73
	2000	167.97	44.21	196.17	113.66
	2001	186.32	52.56	206.04	119.41
山东 Shandong	**1999**	**2 400.74**	**823.00**	**215.01**	**119.49**
	2000	**2 603.10**	**902.27**	**216.17**	**121.85**
	2001	**2 672.22**	**980.94**	**211.52**	**125.34**
青岛 Qingdao	1999	962.90	280.13	37.93	20.55
	2000	997.88	257.35	39.81	21.01
	2001	1 283.80	357.69	41.94	21.80
东营 Dongying	1999	293.21	202.34	20.64	7.38
	2000	505.81	313.63	13.37	7.51
	2001	412.92	366.78	14.30	7.68
烟台 Yantai	1999	367.05	125.53	30.07	15.62
	2000	405.30	145.70	30.81	15.91
	2001	352.08	87.20	21.77	17.13
潍坊 Weifang	1999	310.00	105.00	26.00	14.00
	2000	195.71	48.51	24.56	13.02
	2001	207.12	59.60	24.99	13.75
威海 Weihai	1999	271.55	50.80	21.23	13.08
	2000	267.49	68.26	22.08	13.38
	2001	302.17	75.98	22.00	12.88
日照 Rizhao	1999	196.03	59.20	79.14	48.86
	2000	230.91	68.82	85.54	51.02
	2001	114.13	33.69	86.52	52.10

续表　continued

沿海城市 Coastal City	年 份 Year	工 业 Industry		农 业 Agriculture	
		总产值 Output Value	增加值 Added Value	总产值 Output Value	增加值 Added Value
广 东 Guangdong	**1999**	**7 274.45**	**1 944.74**	**273.59**	**164.54**
	2000	**9 678.66**	**2 833.89**	**361.08**	**218.69**
	2001			**375.14**	**235.00**
广 州 Guangzhou	1999	1 462.25	481.61	46.10	27.06
	2000	2 626.16	535.08	116.84	65.54
	2001			118.70	67.14
深 圳 Shenzhen	1999	2 146.49	587.46	29.97	16.48
	2000	2 672.42	505.45	31.14	17.34
	2001			27.58	18.11
珠 海 Zhuhai	1999	457.41	110.70	7.57	3.38
	2000	674.59	156.17	22.63	13.85
	2001			17.20	15.15
汕 头 Shantou	1999	279.65	82.97	9.20	5.84
	2000	215.17	51.21	9.43	6.12
	2001			9.69	6.32
江 门 Jiangmen	1999	248.05	58.01	4.70	2.30
	2000	295.31	61.24	5.20	2.50
	2001			5.25	2.53
湛 江 Zhanjiang	1999	204.90	81.73	24.89	16.57
	2000	244.07	99.26	26.01	17.04
	2001			26.07	17.18
茂 名 Maoming	1999	205.23	36.54	11.39	7.36
	2000	318.90	68.50	15.50	9.00
	2001			23.42	18.50
惠 州 Huizhou	1999	410.31	81.35	3.58	2.03
	2000	480.69	81.30	3.34	2.40
	2001			4.89	2.83
阳 江 Yangjiang	1999	48.80	10.79	20.61	14.15
	2000	52.90	8.19	12.87	14.72
	2001			23.63	15.31
东 莞 Dongguan	1999	906.95	212.30	53.74	30.68
	2000	1 093.30	253.19	54.64	31.08
	2001			55.93	31.56
中 山 Zhongshan	1999	627.10	134.34	35.83	24.26
	2000	738.12	117.11	37.00	24.28
	2001			38.42	25.02

续表 continued

沿海城市 Coastal City	年份 Year	工业 Industry		农业 Agriculture	
		总产值 Output Value	增加值 Added Value	总产值 Output Value	增加值 Added Value
汕尾 Shanwei	1999	28.08	5.24	15.60	7.96
	2000	30.67	6.64	15.71	8.09
	2001			13.48	8.65
潮州 Chaozhou	1999	91.31	20.88	1.92	1.10
	2000	80.26	18.25	1.96	1.12
	2001			1.99	1.13
揭阳 Jieyang	1999	157.92	40.82	8.49	5.37
	2000	156.10	32.19	8.81	5.61
	2001			8.89	5.57
广西 Guangxi	**1999**	**90.91**	**26.83**	**96.94**	**59.33**
	2000	**101.44**	**29.96**	**102.19**	**61.22**
	2001	**168.31**	**50.84**	**174.68**	**105.69**
北海 Beihai	1999	48.29	13.35	27.74	15.92
	2000	55.63	15.95	29.90	16.51
	2001	56.60	16.98	31.31	16.43
防城港 Fangchenggang	1999	23.49	7.24	18.85	11.95
	2000	23.76	7.20	19.44	11.96
	2001	38.28	12.41	26.58	16.67
钦州 Qinzhou	1999	19.13	6.24		31.46
	2000	22.05	6.81	52.85	32.75
	2001	73.43	21.45	116.79	72.59
海南② Hainan	**1999**	**80.58**	**16.22**	**19.82**	**14.27**
	2000	**93.86**	**20.94**	**23.31**	**16.85**
	2001	**109.69**	**25.42**	**24.43**	**17.56**
海口 Haikou	1999	71.75	14.10	4.48	2.91
	2000	85.85	19.17	4.97	3.19
	2001	100.13	22.72	5.55	3.59
三亚 Sanya	1999	7.03	1.73	13.99	10.51
	2000	7.85	1.73	16.88	12.77
	2001	8.11	2.28	17.21	13.05
洋浦 Yangpu	1999	1.80	0.39	1.35	0.85
	2000	0.16	0.04	1.46	0.89
	2001	1.45	0.42	1.67	0.92

注：①2000年和2001年浙江省和福建省的工业总产值为规模以上的企业（下表同）。

②海南省工业总产值和增加值统计范围为规模以上企业（下表同）。

Note: ①Data of gross output value of industry of Zhejiang and Fujian Province in 2000 and in 2001 are that of industry enterprises above designed size(same as below).

②Data of Industrial output value and added value of Hainan are that of industrial enterprises above designed size (same as below).

1-8 沿海县(市、区)工农业总产值和增加值
Gross Output Value and Added Value of Industry and Agriculture of Coastal Counties

单位：亿元 Unit:100 million yuan

沿海县(市、区) Coastal County	年 份 Year	工 业 Industry		农 业 Agriculture	
		总产值 Output Value	增加值 Added Value	总产值 Output Value	增加值 Added Value
天 津 Tianjin	**1999**	**752.61**	**158.67**	**8.99**	**4.08**
	2000	**987.22**	**278.94**	**9.72**	**4.49**
	2001	**1 120.88**	**343.11**	**11.43**	**5.08**
塘 沽 Tanggu	1999	514.00	95.94	2.51	1.28
	2000	665.13	202.16	2.49	1.50
	2001	788.91	271.70	3.06	1.55
汉 沽 Hangu	1999	29.06	7.58	5.03	2.18
	2000	30.05	9.13	5.65	2.42
	2001	35.99	9.36	6.13	2.60
大 港 Dagang	1999	209.55	55.15	1.45	0.62
	2000	292.04	67.65	1.58	0.57
	2001	295.98	62.05	2.24	0.93
河 北 Hebei	**1999**		**126.09**	**188.69**	**104.00**
	2000	**500.04**	**141.26**	**187.05**	**103.78**
	2001	**526.81**	**143.21**	**190.95**	**109.12**
丰 南 Fengnan	1999		32.38	39.73	23.50
	2000	150.95	37.08	41.09	24.50
	2001	162.30	42.40	42.70	25.40
滦 南 Luannan	1999		23.26	33.44	18.85
	2000	90.47	25.77	34.87	19.66
	2001	107.26	29.89	36.10	20.32
乐 亭 Leting	1999		10.72	48.04	26.00
	2000	42.96	12.38	49.49	27.31
	2001	54.26	12.40	50.50	29.09
唐 海 Tanghai	1999		9.79	14.61	7.18
	2000	28.97	10.39	10.25	4.89
	2001	15.73	2.40	10.25	5.40
昌 黎 Changli	1999		7.58	24.47	13.73
	2000	30.96	8.46	23.92	13.32
	2001	30.96	8.46	23.92	14.10
抚 宁 Funing	1999		13.61	16.74	8.69
	2000	58.23	15.41	15.56	7.68
	2001	58.23	15.41	15.56	8.30
海 兴 Haixing	1999		3.31	3.16	1.61
	2000	11.57	3.73	3.31	1.70
	2001	8.19	3.73	3.31	1.70

续表　continued

沿海县(市、区) Coastal County	年 份 Year	工 业 Industry		农 业 Agriculture	
		总产值 Output Value	增加值 Added Value	总产值 Output Value	增加值 Added Value
黄 骅 Huanghua	1999		25.44	8.50	4.04
	2000	85.93	28.04	8.56	4.72
	2001	89.88	28.52	8.61	4.81
辽 宁 Liaoning	**1999**	**1 006.82**	**222.70**	**256.99**	**149.09**
	2000	**1 124.27**	**236.99**	**264.89**	**150.77**
	2001	**1 129.05**	**228.53**	**285.55**	**157.59**
长 海 Changhai	1999	1.54	0.23	10.48	5.47
	2000	1.58	0.30	12.57	6.95
	2001	1.59	0.29	15.62	8.47
瓦房店 Wafangdian	1999	270.50	64.13	30.57	18.53
	2000	309.60	72.10	32.20	17.04
	2001	261.26	51.39	34.15	19.10
普兰店 Pulandian	1999	278.12	59.90	34.04	19.83
	2000	300.70	57.30	34.30	19.67
	2001	306.72	52.06	35.00	20.50
庄 河 Zhuanghe	1999	139.96	28.98	34.37	20.25
	2000	183.00	32.08	36.90	21.32
	2001	190.80	39.76	39.07	22.13
东 港 Donggang	1999	94.84	22.50	29.56	17.73
	2000	100.01	22.91	28.52	17.22
	2001	114.31	25.36	29.79	18.05
凌 海 Linghai	1999	36.85	7.75	20.62	10.58
	2000	35.90	7.76	20.80	10.75
	2001	46.03	9.16	22.22	11.91
盖 州 Gaizhou	1999	84.20	12.80	20.30	12.19
	2000	78.96	16.20	19.00	11.47
	2001	90.64	17.72	20.75	11.75
大 洼 Dawa	1999	27.69	5.53	25.96	15.69
	2000	31.72	5.77	28.66	16.58
	2001	36.20	6.33	29.31	15.87
盘 山 Panshan	1999	30.70	7.67	23.47	14.46
	2000	35.82	6.07	23.40	14.50
	2001	35.02	8.69	25.07	12.15
绥 中 Suizhong	1999	19.59	2.54	16.57	8.83
	2000	21.43	5.60	17.49	9.34
	2001	23.64	5.83	22.28	11.30
兴 城 Xingcheng	1999	22.83	10.67	11.05	5.53
	2000	25.55	10.90	11.05	5.93
	2001	22.84	11.94	12.29	6.36

续表 continued

沿海县(市、区) Coastal County	年 份 Year	工 业 Industry		农 业 Agriculture	
		总产值 Output Value	增加值 Added Value	总产值 Output Value	增加值 Added Value
上 海 Shanghai	**1999**	**2 446.29**	**645.65**	**122.95**	**46.77**
	2000	**3 016.32**	**740.41**	**130.60**	**48.66**
	2001	**3 511.15**	**919.22**	**136.82**	**51.19**
宝 山 Baoshan	1999	327.48	74.19	10.93	3.05
	2000	384.68	83.31	11.50	3.13
	2001	702.42	226.00	12.30	3.36
浦东新区 Pudong	1999	1 444.56	380.00	11.93	5.47
	2000	1 822.19	461.29	12.50	5.73
	2001	1 961.90	463.18	13.36	6.06
南 汇 Nanhui	1999	178.48	38.86	31.58	11.42
	2000	212.25	42.29	33.10	11.91
	2001	225.60	60.25	33.30	12.61
奉 贤 Fengxian	1999	190.41	48.90	22.16	7.60
	2000	210.13	48.79	23.90	7.95
	2001	223.91	61.03	25.90	8.52
金 山 Jinshan	1999	239.54	84.31	16.84	6.42
	2000	321.53	87.89	17.10	6.55
	2001	332.23	89.06	18.57	6.78
崇 明 Chongming	1999	65.82	19.39	29.51	12.81
	2000	65.54	16.84	32.50	13.39
	2001	65.09	19.70	33.39	13.86
江 苏 Jiangsu	**1999**	**1 643.21**	**305.51**	**569.15**	**288.08**
	2000	**844.93**	**339.07**	**569.31**	**284.40**
	2001	**812.49**	**374.64**	**587.77**	**297.78**
海 安 Hai'an	1999	94.82	17.68	33.24	18.24
	2000	46.63	20.21	33.82	18.39
	2001	55.16	23.22	32.15	19.28
如 东 Rudong	1999	88.89	19.66	47.51	25.84
	2000	53.52	21.49	47.69	25.65
	2001	59.20	24.00	42.40	26.87
海 门 Haimen	1999	184.25	44.53	31.09	16.60
	2000	189.11	50.76	32.46	17.08
	2001	105.49	58.58	34.23	18.48
启 东 Qidong	1999	187.54	38.70	52.91	26.45
	2000	86.96	43.18	54.79	27.22
	2001	98.21	48.88	56.89	28.27
通 州 Tongzhou	1999	244.66	47.92	40.00	21.44
	2000	126.40	55.05	41.27	22.01
	2001	113.34	52.12	38.24	20.55
赣 榆 Ganyu	1999	183.99	22.02	38.78	20.81
	2000	39.43	22.81	38.65	20.45
	2001	44.48	24.94	42.40	21.68

续表 continued

沿海县(市、区) Coastal County	年份 Year	工业 Industry		农业 Agriculture	
		总产值 Output Value	增加值 Added Value	总产值 Output Value	增加值 Added Value
灌云 Guanyun	1999	74.78	10.85	38.26	20.24
	2000	29.87	11.74	30.41	15.30
	2001	30.16	11.72	32.01	16.93
响水 Xiangshui	1999	32.56	4.44	21.64	10.05
	2000	11.78	4.10	17.88	8.76
	2001	14.43	5.05	22.18	9.97
滨海 Binhai	1999	47.90	9.49	33.72	16.80
	2000	16.90	9.80	33.16	16.28
	2001	11.47	10.30	33.82	16.30
射阳 Sheyang	1999	94.30	22.16	49.56	22.29
	2000	53.14	23.93	51.89	24.26
	2001	60.71	27.55	55.86	25.52
大丰 Dafeng	1999	125.24	23.54	52.57	23.95
	2000	71.01	25.99	55.54	24.50
	2001	79.43	29.66	58.41	35.24
东台 Dongtai	1999	129.39	23.33	67.16	31.20
	2000	69.41	26.88	73.63	33.40
	2001	82.73	32.65	77.61	25.80
东海 Donghai	1999	122.76	16.13	41.38	22.45
	2000	38.72	17.57	39.74	21.59
	2001	43.73	19.82	41.75	22.65
灌南 Guannan	1999	32.13	5.06	21.33	11.72
	2000	12.05	5.56	18.38	9.51
	2001	13.95	6.15	19.82	10.24
浙江 Zhejiang	**1999**		**1 119.31**	**445.21**	**269.62**
	2000		**1 231.34**		**277.37**
	2001	**3 190.69**	**1 351.52**	**492.33**	**290.77**
余姚 Yuyao	1999		75.38	25.84	18.00
	2000		81.49		18.66
	2001	164.10	87.73	27.82	19.31
萧山 Xiaoshan	1999		102.42	28.42	18.95
	2000		118.02		21.90
	2001	556.71	150.01	37.08	24.52
象山 Xiangshan	1999		31.29	33.03	16.70
	2000		32.36		18.45
	2001	72.21	35.92	37.39	19.48
宁海 Ninghai	1999		31.25	14.58	10.20
	2000		34.04		11.02
	2001	77.87	33.59	16.73	11.69
鄞县 Yinxian	1999		87.53	17.65	12.01
	2000		101.28		11.56
	2001	284.85	108.91	17.95	12.42
慈溪 Cixi	1999		79.87	19.85	14.16
	2000		91.10		14.61
	2001	200.55	100.03	21.78	15.23

续表 continued

沿海县(市、区) Coastal County	年份 Year	工业 Industry		农业 Agriculture	
		总产值 Output Value	增加值 Added Value	总产值 Output Value	增加值 Added Value
奉　化 Fenghua	1999		25.41	12.58	8.25
	2000		28.66		8.74
	2001	78.50	30.88	14.58	9.14
洞　头 Dongtou	1999		2.10	6.33	2.87
	2000		2.10		3.15
	2001	4.14	1.77	6.61	2.99
平　阳 Pingyang	1999		31.17	9.88	5.72
	2000		34.21		4.25
	2001	61.43	38.42	11.64	6.23
苍　南 Cangnan	1999		30.97	16.73	9.21
	2000		42.42		9.35
	2001	48.36	42.26	17.57	9.80
瑞　安 Rui'an	1999		76.51	17.32	9.87
	2000		80.55		10.30
	2001	113.32	75.10	17.52	10.08
乐　清 Yueqing	1999		71.03	18.06	10.70
	2000		78.46		11.01
	2001	161.27	87.32	19.22	11.47
海　盐 Haiyan	1999		25.10	10.40	7.08
	2000		29.25		7.81
	2001	80.74	34.66	13.03	8.42
海　宁 Haining	1999		57.97	14.76	10.05
	2000		66.89		11.43
	2001	115.44	74.69	16.83	11.57
平　湖 Pinghu	1999		36.30	12.08	7.95
	2000		43.32		8.66
	2001	131.92	51.48	14.52	9.15
绍　兴 Shaoxing	1999		120.20	21.73	14.88
	2000		110.01		12.07
	2001	448.77	120.50	19.30	13.08
上　虞 Shangyu	1999		86.08	26.93	16.50
	2000		82.12		17.15
	2001	255.20	79.91	30.84	17.66
岱　山 Daishan	1999		3.55	18.28	8.95
	2000		4.48		9.53
	2001	10.56	5.49	22.05	9.66
嵊　泗 Shengsi	1999		1.48	9.44	4.87
	2000		1.99		5.35
	2001	6.10	2.39	10.14	5.59
临　海 Linhai	1999		28.88	22.02	13.21
	2000		34.35		13.61
	2001	75.64	39.85	25.01	14.26

续表 continued

沿海县(市、区) Coastal County	年份 Year	工业 Industry		农业 Agriculture	
		总产值 Output Value	增加值 Added Value	总产值 Output Value	增加值 Added Value
温岭 Wenling	1999		75.82	48.55	26.63
	2000		87.93		25.70
	2001	159.10	97.19	51.60	26.16
三门 Sanmen	1999		5.97	12.91	7.46
	2000		7.20		7.92
	2001	16.07	8.25	15.41	8.20
玉环 Yuhuan	1999		33.03	27.84	15.40
	2000		39.11		15.14
	2001	67.84	45.17	27.71	14.66
福建 Fujian	**1999**	**2 325.72**		**460.14**	**278.68**
	2000	**1 895.97**	**684.24**	**464.23**	**275.81**
	2001	**842.08**	**245.90**	**465.47**	**278.37**
连江 Lianjiang	1999	45.07		37.98	25.38
	2000	53.70	12.42	40.07	26.25
	2001	6.34	1.76	40.19	26.16
罗源 Luoyuan	1999	43.73		15.05	9.17
	2000	48.46	12.84	16.46	10.02
	2001	8.38	2.87	17.49	10.43
长乐 Changle	1999	136.71		23.98	15.24
	2000	80.24	41.21	24.60	15.51
	2001	80.75	24.31	24.62	15.53
平潭 Pingtan	1999	4.67		22.45	13.62
	2000	1.17	1.09	20.75	12.56
	2001	1.02	0.67	17.67	10.09
福清 Fuqing	1999	319.46		50.27	30.59
	2000	199.08	92.78	51.62	31.23
	2001	202.24	52.80	50.94	30.65
莆田 Putian	1999	92.80		25.50	17.01
	2000	58.08	31.37	26.97	17.05
	2001	65.30	20.04	27.90	17.58
仙游 Xianyou	1999	56.03		15.13	8.96
	2000	54.91	16.46	15.49	9.19
	2001	17.42	4.96	15.49	9.19
惠安 Hui'an	1999	176.82		26.89	15.74
	2000	146.36	63.24	27.88	15.87
	2001	59.42	19.50	29.49	16.90
晋江 Jinjiang	1999	450.40		18.71	11.17
	2000	413.02	147.58	18.15	10.69
	2001	160.66	47.65	18.53	11.10

续表 continued

沿海县(市、区) Coastal County	年份 Year	工业 Industry		农业 Agriculture	
		总产值 Output Value	增加值 Added Value	总产值 Output Value	增加值 Added Value
石狮 Shishi	1999	130.28		9.55	4.61
	2000	130.09	46.39	10.58	5.18
	2001	39.62	13.58	10.51	5.17
南安 Nan'an	1999	269.52		23.66	15.41
	2000	249.74	90.83	27.88	14.48
	2001	59.83	16.80	22.56	14.13
云霄 Yunxiao	1999	51.11		14.84	8.85
	2000	52.20	8.90	15.35	9.29
	2001	2.45	0.54	16.21	9.72
漳浦 Zhangpu	1999	134.23		30.38	15.46
	2000	124.04	21.76	32.50	17.21
	2001	29.16	7.72	34.71	18.40
诏安 Zhao'an	1999	55.57		24.83	15.35
	2000	39.30	13.85	26.02	16.11
	2001	5.42	1.28	25.71	16.00
东山 Dongshan	1999	53.17		16.33	9.48
	2000	10.84	10.48	17.85	10.36
	2001	11.02	3.12	19.50	11.34
龙海 Longhai	1999	162.80		31.26	18.49
	2000	151.05	35.91	32.43	19.13
	2001	55.76	14.65	34.27	20.22
宁德 Ningde	1999	22.47		15.16	9.05
福安 Fu'an	1999	60.62		18.17	11.20
	2000	21.86	18.65	18.43	11.17
	2001	24.20	8.78	18.28	11.14
福鼎 Fuding	1999	37.75		17.35	10.52
	2000	39.83	12.31	17.36	10.50
	2001	10.34	3.63	17.39	10.46
霞浦 Xiapu	1999	22.51		22.65	13.38
	2000	22.00	6.17	23.84	14.01
	2001	2.75	1.24	24.01	14.16
山东 Shandong	**1999**	**2 767.68**	**658.90**	**540.40**	**306.67**
	2000	**2 710.25**	**674.11**	**553.93**	**311.31**
	2001	**3 160.79**	**874.73**	**574.97**	**322.83**
胶州 Jiaozhou	1999	170.10	35.83	32.31	18.14
	2000	114.43	28.01	33.54	18.58
	2001	227.54	66.32	35.65	19.10
即墨 Jimo	1999	152.31	39.50	38.87	22.17
	2000	71.00	17.99	41.63	22.70
	2001	185.84	60.78	43.56	23.34
胶南 Jiaonan	1999	149.80	42.11	38.99	23.23
	2000	106.45	31.30	40.94	23.81
	2001	220.66	69.70	43.69	24.59

续表 continued

沿海县(市、区) Coastal County	年份 Year	工业 Industry		农业 Agriculture	
		总产值 Output Value	增加值 Added Value	总产值 Output Value	增加值 Added Value
垦利 Kenli	1999	27.46	6.88	7.75	4.49
	2000	39.14	8.44	7.97	4.64
	2001	42.57	15.30	8.72	5.04
利津 Lijin	1999	29.36	6.10	12.00	6.96
	2000	43.19	7.56	12.52	7.18
	2001	42.16	8.68	13.38	7.67
广饶 Guangrao	1999	69.80	15.02	17.84	10.51
	2000	104.79	17.28	18.08	10.80
	2001	102.02	20.57	19.00	11.53
海阳 Haiyang	1999	66.64	15.34	29.59	15.36
	2000	69.10	17.00	29.51	15.37
	2001	68.20	19.90	30.34	16.00
长岛 Changdao	1999	1.16	0.29	8.89	5.07
	2000	2.40	0.60	9.75	5.71
	2001	2.46	0.49	9.93	5.79
龙口 Longkou	1999	269.75	57.19	28.00	16.52
	2000	295.00	65.40	27.22	16.00
	2001	287.45	77.14	27.91	16.51
莱阳 Laiyang	1999	128.17	26.27	24.77	14.78
	2000	143.50	29.40	24.59	14.66
	2001	166.79	33.90	25.23	15.85
莱州 Laizhou	1999	197.70	51.58	37.51	21.38
	2000	205.50	54.50	37.91	20.90
	2001	191.00	59.50	38.94	21.11
蓬莱 Penglai	1999	126.48	27.30	27.92	15.29
	2000	139.40	30.80	27.81	15.22
	2001	157.00	40.86	28.23	16.10
招远 Zhaoyuan	1999	187.34	43.57	14.36	7.41
	2000	209.30	48.50	11.17	5.87
	2001	228.63	53.70	12.48	6.68
昌邑 Changyi	1999	145.60	72.60	32.90	15.40
	2000	148.70	74.00	33.80	15.90
	2001	127.00	72.00	31.00	13.40
寿光 Shouguang	1999	117.50	31.70	47.12	25.70
	2000	93.17	26.07	49.47	27.06
	2001	105.80	29.90	52.50	28.60
文登 Wendeng	1999	340.27	78.17	35.29	20.63
	2000	345.90	85.53	35.33	20.43
	2001	377.86	94.67	35.89	20.95
荣成 Rongcheng	1999	391.66	71.44	55.78	34.10
	2000	393.60	87.10	58.35	35.14
	2001	399.39	98.55	60.06	35.50

续表 continued

沿海县(市、区) Coastal County	年 份 Year	工 业 Industry		农 业 Agriculture	
		总产值 Output Value	增加值 Added Value	总产值 Output Value	增加值 Added Value
乳 山 Rushan	1999	165.58	29.30	25.14	15.20
	2000	154.68	35.92	28.97	16.92
	2001	184.55	39.85	30.29	17.69
无 棣 Wudi	1999	22.06	6.20	13.06	7.33
	2000	22.06	6.20	13.06	7.35
	2001	33.32	9.77	14.36	8.38
沾 化 Zhanhua	1999	8.94	2.51	12.31	7.00
	2000	8.94	2.51	12.31	7.07
	2001	10.55	3.15	13.81	9.00
广 东 Guangdong	**1999**	**2 418.88**	**560.51**	**616.08**	**363.65**
	2000	**1 824.18**	**365.54**	**690.02**	**339.43**
	2001			**611.98**	**358.08**
番 禺 Panyu	1999	581.87	133.55	41.63	23.12
	2000				
斗 门 Doumen	1999	80.24	17.59	13.32	9.67
	2000	112.67	12.92	15.32	9.71
澄 海 Chenghai	1999	162.44	31.46	24.95	13.51
	2000	179.64	34.76	26.13	14.21
	2001			26.70	14.17
南 澳 Nan'ao	1999	5.84	1.17	7.06	1.80
	2000	6.71	1.34	7.47	1.84
	2001			7.61	1.87
恩 平 Enping	1999	54.41	15.60	15.50	8.40
	2000	59.40	14.56	16.06	8.73
	2001			16.98	9.32
台 山 Taishan	1999	258.21	39.23	39.53	18.71
	2000	266.23	44.79	41.50	19.14
	2001			42.29	19.10
新 会 Xinhui	1999	254.96	41.59	32.21	17.04
	2000	295.01	48.85	33.62	17.73
	2001			35.03	18.53
吴 川 Wuchuan	1999	51.20	11.38	14.25	8.73
	2000	34.02	7.10	14.30	8.76
	2001			14.18	8.68
遂 溪 Suixi	1999	30.10	10.01	30.18	17.95
	2000	24.05	7.53	34.58	22.37
	2001			36.38	22.98
徐 闻 Xuwen	1999	9.78	2.08	22.94	14.65
	2000	6.95	1.93	24.84	16.09
	2001			25.89	16.68

续表 continued

沿海县(市、区) Coastal County	年 份 Year	工 业 Industry		农 业 Agriculture	
		总产值 Output Value	增加值 Added Value	总产值 Output Value	增加值 Added Value
廉 江 Lianjiang	1999	47.01	11.35	41.37	22.61
	2000	41.88	11.96	42.40	23.81
	2001			45.07	25.42
电 白 Dianbai	1999	117.17	35.58	49.14	32.09
	2000	91.70	23.29	53.01	26.24
	2001			46.85	30.61
惠 阳 Huiyang	1999	150.59	47.78	25.99	16.14
	2000	172.16	15.91	123.57	15.03
	2001			28.64	17.68
惠 东 Huidong	1999	97.09	35.09	29.46	19.66
	2000	35.31	36.00	15.61	9.27
	2001			32.95	21.75
海 丰 Haifeng	1999	60.54	14.13	25.93	16.33
	2000	68.62	15.27	28.01	17.60
	2001			30.77	18.50
陆 丰 Lufeng	1999	52.28	11.06	25.14	14.28
	2000	32.21	6.89	28.40	16.04
	2001			31.35	17.01
饶 平 Raoping	1999	78.09	19.22	35.81	18.80
	2000	76.38	15.39	37.68	19.72
	2001			39.38	20.23
惠 来 Huilai	1999	63.11	16.22	31.06	20.13
	2000	64.86	12.96	33.05	21.32
	2001			33.46	21.45
雷 州 Leizhou	1999	26.48	6.73	38.99	24.12
	2000	14.76	3.53	39.07	23.95
	2001			40.16	24.67
阳 东 Yangdong	1999	22.05	6.34	20.92	14.19
	2000	27.43	5.26	22.47	15.03
	2001			23.44	15.48
阳 西 Yangxi	1999	15.84	3.99	20.28	11.94
	2000	18.10	3.84	21.85	12.79
	2001			23.60	13.79
揭 东 Jiedong	1999	199.58	49.36	30.42	19.78
	2000	196.09	41.46	31.08	20.05
	2001			31.25	20.16
广 西 Guangxi	**1999**	**44.31**	**12.59**	**38.31**	**22.09**
	2000	**42.65**	**12.40**	**40.45**	**22.98**
	2001	**46.81**	**13.56**	**43.01**	**24.43**
合 浦 Hepu	1999	39.73	11.28	33.48	19.04
	2000	37.77	11.03	35.16	19.78
	2001	41.70	12.27	37.27	20.96

续表 continued

沿海县(市、区) Coastal County	年 份 Year	工 业 Industry		农 业 Agriculture	
		总产值 Output Value	增加值 Added Value	总产值 Output Value	增加值 Added Value
东兴 Dongxing	1999	4.58	1.31	4.83	3.05
	2000	4.88	1.37	5.29	3.20
	2001	5.11	1.29	5.74	3.47
海 南 Hainan	**1999**	**130.96**	**22.43**	**182.05**	**141.71**
	2000	**81.53**	**28.65**	**218.95**	**156.85**
	2001	**80.60**	**27.20**	**228.66**	**159.93**
琼 海 Qionghai	1999	15.69	1.31	27.43	18.77
	2000	6.99	1.83	30.70	20.15
	2001	6.62	1.83	30.56	19.34
琼 山 Qiongshan	1999	20.70	4.10	23.46	17.96
	2000	15.45	4.93	26.19	19.41
	2001	15.50	5.12	26.83	19.30
文 昌 Wenchang	1999	16.02	1.03	19.91	14.55
	2000	4.18	0.94	21.75	16.27
	2001	4.43	1.16	24.46	17.01
万 宁 Wanning	1999	12.65	0.75	14.48	10.83
	2000	2.38	0.64	15.60	11.46
	2001	2.69	0.65	15.52	11.37
澄 迈 Chengmai	1999	21.65	6.17	13.70	10.93
	2000	21.79	6.80	13.71	11.34
	2001	22.99	7.59	15.17	11.71
临 高 Lingao	1999	2.71	0.43	17.21	12.05
	2000	2.02	0.55	20.65	13.15
	2001	1.81	0.50	25.25	15.81
昌 江 Changjiang	1999	6.98	1.86	6.60	4.76
	2000	8.48	3.28	7.30	5.26
	2001	7.30	2.58	8.44	5.62
东 方 Dongfang	1999	10.71	3.74	9.68	7.07
	2000	8.56	3.24	12.72	8.99
	2001	8.81	4.71	12.82	8.91
乐 东 Ledong	1999	2.17	0.53	15.77	11.11
	2000	1.54	0.58	19.63	12.87
	2001	1.31	0.51	16.88	11.48
陵 水 Lingshui	1999	1.87	0.36	10.14	6.47
	2000	1.09	0.22	10.82	7.47
	2001	1.01	0.29	11.58	7.74
儋 州 Danzhou	1999	19.81	2.15	36.00	27.21
	2000	9.05	5.64	39.88	30.48
	2001	8.13	2.26	41.15	31.64

1-9 沿海城市人口及从业人员情况（2001年）

Population and Employers of Coastal Cities, 2001

单位：万人 Unit:10 000 persons

城市 City	年末总人口 Total Population by the End of the Year	农业人口 Agricultural Population	非农业人口 Non-Agricultural Population	社会从业人员 Social Employed Population	单位从业人员 Staff and Workers
天　津 Tianjin	**913.98**	**378.76**	**535.22**	**488.34**	**192.30**
河　北 Hebei	**1 153.99**	**767.14**	**386.85**	**369.58**	**164.08**
唐　山 Tangshan	700.20	506.30	193.90	115.50	89.40
秦皇岛 Qinhuangdao	268.19	190.14	78.05	145.98	35.08
沧　州 Cangzhou	185.60	70.70	114.90	108.10	39.60
辽　宁 Liaoning	**646.85**	**157.18**	**489.67**		
大　连 Dalian	270.68	58.87	211.81		
丹　东 Dandong	76.18	15.94	60.24		
锦　州 Jinzhou	84.40	15.47	68.93		
营　口 Yingkou	67.29	15.82	51.47		
盘　锦 Panjin	55.65	6.71	48.94		
葫芦岛 Huludao	92.65	44.37	48.28		
上　海 Shanghai	**1 327.14**	**328.07**	**999.07**	**752.26**	**375.37**
江　苏 Jiangsu	**207.33**	**60.88**	**146.45**	**94.14**	**46.29**
南　通 Nantong	79.54	25.71	53.83	39.96	20.14
连云港 Lianyungang	63.86	11.71	52.15	28.83	13.99
盐　城 Yancheng	63.93	23.46	40.47	25.35	12.16

续表 continued

城 市 City	年末总人口 Total Population by the End of the Year	农业人口 Agricultural Population	非农业人口 Non-Agricultural Population	社会从业人员 Social Employed Population	单位从业人员 Staff and Workers
浙 江 Zhejiang	**909.65**	**497.56**	**412.09**		**157.50**
杭 州 Hangzhou	379.49	186.23	193.26		69.78
宁 波 Ningbo	126.13	45.44	80.69		32.08
温 州 Wenzhou	131.36	75.02	56.34		23.78
绍 兴 Shaoxing	59.92	28.82	31.10		9.13
舟 山 Zhoushan	68.85	45.65	23.20		10.04
台 州 Taizhou	143.90	116.40	27.50		12.69
福 建 Fujian	**852.26**	**556.67**	**295.59**		
福 州 Fuzhou	220.14	93.71	126.43		
厦 门 Xiamen	134.36	64.63	69.73		
莆 田 Putian	37.08	20.06	17.02		
泉 州 Quanzhou	285.79	243.27	42.52		
漳 州 Zhangzhou	174.89	135.00	39.89		
宁 德 Ningde	187.14	133.94	53.20		
山 东 Shandong	**1 495.20**	**925.60**	**569.60**	**335.10**	**228.74**
青 岛 Qingdao	504.30	292.80	211.50	89.90	102.50
东 营 Dongying	173.40	99.70	73.70	30.00	29.40
烟 台 Yantai	162.80	82.30	80.50	46.60	25.60
潍 坊 Weifang	130.70	61.30	69.40	24.40	23.04
威 海 Weihai	247.20	180.50	66.70	127.10	33.50
日 照 Rizhao	276.80	209.00	67.80	17.10	14.70

续表　continued

城　市 City	年末总人口 Total Population by the End of the Year	农业人口 Agricultural Population	非农业人口 Non-Agricultural Population	社会从业人员 Social Employed Population	单位从业人员 Staff and Workers
广　东　Guangdong	**1 688.20**	**687.40**	**1 000.80**		**374.54**
广　州　Guangzhou	576.97	161.49	415.48		131.31
深　圳　Shenzheng	132.04	26.19	105.85		94.88
珠　海　Zhuhai	75.93	22.85	53.08		23.93
汕　头　Shantou	119.57	25.49	94.08		20.89
江　门　Jiangmen	43.86	9.31	34.55		10.10
湛　江　Zhanjiang	141.95	78.21	63.74		15.61
茂　名　Maoming	71.90	38.14	33.76		8.50
惠　州　Huizhou	38.60	19.57	19.03		18.41
阳　江　Yangjiang	54.91	23.82	31.09		6.04
东　莞　Dongguan	153.89	113.52	40.37		16.42
中　山　Zhongshan	134.83	92.14	42.69		14.23
汕　尾　Shanwei	44.73	25.37	19.36		3.91
潮　州　Chaozhou	34.36	7.83	26.53		5.21
揭　阳　Jieyang	64.66	43.47	21.19		5.10
广　西　Guangxi	**238.16**	**179.68**	**58.48**	**144.77**	**15.09**
北　海　Beihai	52.38	29.16	23.22	33.01	4.91
防城港　Fangchenggang	67.71	51.05	16.66	35.56	5.06
钦　州　Qinzhou	118.07	99.47	18.60	76.20	5.12
海　南　Hainan	**108.79**	**39.26**	**69.53**	**59.57**	**21.66**
海　口　Haikou	60.20	8.83	51.37	36.74	17.60
三　亚　Sanya	48.59	30.43	18.16	21.25	3.88
洋　浦　Yangpu				1.58	0.18

1-10 沿海县（市、区）人口及从业人员情况（2001年）

Population and Employers of Coastal Counties, 2001

单位：万人　Unit:10 000 persons

沿海县（市、区） Coastal County		年末总人口 Total Population by the End of the Year	农业人口 Agricultural Population	非农业人口 Non-Agricultural Population	社会从业人员 Social Employed Population	单位从业人员 Staff and Workers
天　津	**Tianjin**	**97.14**	**76.02**	**21.12**	**70.41**	**55.57**
塘　沽	Tanggu	46.84	40.46	6.38	44.62	39.55
汉　沽	Hangu	16.79	12.30	4.49	7.50	3.77
大　港	Dagang	33.51	23.26	10.25	18.29	12.25
河　北	**Hebei**	**339.23**	**289.58**	**49.65**		
丰　南	Fengnan	51.60	41.20	10.40		
滦　南	Luannan	57.00	52.00	5.00		
乐　亭	Leting	49.30	43.20	6.10		
唐　海	Tanghai	13.60	12.40	1.20		
昌　黎	Changli	54.86	41.69	13.17		
抚　宁	Funing	51.15	45.69	5.46		
海　兴	Haixing	21.00	18.61	2.39		
黄　骅	Huanghua	40.72	34.79	5.93		
辽　宁	**Liaoning**	**682.24**	**541.07**	**141.17**		
长　海	Changhai	8.92	6.38	2.54		
瓦房店	Wafangdian	102.72	71.17	31.55		
普兰店	Pulandian	82.69	65.01	17.68		
庄　河	Zhuanghe	89.61	72.99	16.62		
东　港	Donggang	63.83	52.68	11.15		
凌　海	Linghai	62.05	52.40	9.65		
盖　州	Gaizhou	88.46	70.23	18.23		
大　洼	Dawa	39.02	30.33	8.69		
盘　山	Panshan	28.27	24.55	3.72		
绥　中	Suizhong	61.87	53.04	8.83		
兴　城	Xingcheng	54.80	42.29	12.51		
上　海	**Shanghai**	**488.74**	**214.61**	**274.13**	**237.31**	**35.10**
宝　山	Baoshan	82.96	17.59	65.37	34.34	5.69
浦东新区	Pudong	168.60	28.70	139.90	49.36	12.23

续表 continued

沿海县（市、区） Coastal County	年末总人口 Total Population by the End of the Year			社会从业人员 Social Employed Population	
		农业人口 Agricultural Population	非农业人口 Non-Agricultural Population		单位从业人员 Staff and Workers
南　汇 Nanhui	69.05	49.84	19.21	50.51	4.82
奉　贤 Fengxian	50.50	35.44	15.06	34.09	4.33
金　山 Jinshan	52.91	33.55	19.36	31.83	4.41
崇　明 Chongming	64.72	49.49	15.23	37.18	3.62
江　苏 Jiangsu	**1 413.68**	**1 066.70**	**346.98**	**691.63**	**71.42**
海　安 Han'an	97.76	63.31	34.45	50.07	5.52
如　东 Rudong	110.89	70.13	40.76	60.58	6.11
海　门 Haimen	103.13	66.29	36.84	62.08	5.70
启　东 Qidong	115.67	90.73	24.94	75.47	6.85
通　州 Tongzhou	130.19	94.32	35.87	67.76	5.99
赣　榆 Ganyu	105.83	88.15	17.68	48.09	3.64
灌　云 Guanyun	104.88	83.95	20.93	46.05	4.69
响　水 Xiangshui	56.79	43.45	13.34	20.94	3.16
滨　海 Binhai	107.30	84.51	22.79	37.81	3.38
射　阳 Sheyang	105.30	83.16	22.14	39.83	7.55
大　丰 Dafeng	74.07	55.31	18.76	38.18	5.58
东　台 Dongtai	116.80	88.23	28.57	51.83	5.94
东　海 Donghai	113.40	93.41	19.99	56.54	4.47
灌　南 Guannan	71.67	61.75	9.92	36.40	2.84
浙　江 Zhejiang	**1 609.08**	**1 331.74**	**277.34**		**90.91**
萧　山 Xiaoshan	114.58	88.56	26.02		7.42
象　山 Xiangshan	53.05	43.34	9.71		7.30
宁　海 Ninghai	58.43	51.82	6.61		2.17
鄞　县 Yinxian	73.28	59.24	14.04		4.29
慈　溪 Cixi	100.84	86.25	14.59		4.75
奉　化 Fenghua	48.82	39.24	9.58		2.47
洞　头 Dongtou	12.55	11.12	1.43		0.74
平　阳 Pingyang	84.06	70.75	13.31		6.58
苍　南 Cangnan	122.30	100.24	22.06		5.96

续表 continued

沿海县（市、区） Coastal County	年末总人口			社会从业人员	
	Total Population by the End of the Year	农业人口 Agricultural Population	非农业人口 Non-Agricultural Population	Social Employed Population	单位从业人员 Staff and Workers
瑞　安　Rui'an	111.49	93.58	17.91		5.99
乐　清　Yueqing	115.50	104.56	10.94		4.34
海　盐　Haiyang	36.54	28.70	7.84		3.48
海　宁　Haining	64.05	49.42	14.63		3.78
平　湖　Pinghu	48.30	37.70	10.60		2.80
绍　兴　Shaoxing	72.42	61.72	10.70		3.24
上　虞　Shangyu	77.49	63.77	13.72		4.73
岱　山　Daishan	20.81	16.61	4.20		1.21
嵊　泗　Shengsi	8.44	6.02	2.42		0.84
临　海　Linhai	110.15	96.52	13.63		5.71
温　岭　Wenling	114.09	97.40	16.69		5.45
三　门　Sanmen	40.06	36.18	3.88		1.24
玉　环　Yuhuan	39.03	21.84	17.19		2.02
余　姚　Yuyao	82.80	67.16	15.64		4.40
福　建　Fujian	**1 391.92**	**1 227.04**	**164.88**		
连　江　Lianjiang	61.74	55.00	6.74		
罗　源　Luoyuan	25.33	21.98	3.35		
长　乐　Changle	66.77	57.99	8.78		
平　潭　Pingtan	38.68	34.37	4.31		
福　清　Fuqing	120.07	103.69	16.38		
石　狮　Shishi	29.85	20.29	9.56		
莆　田　Putian	163.11	153.27	9.84		
仙　游　Xianyou	100.35	91.61	8.74		
惠　安　Hui'an	91.72	84.19	7.53		
晋　江　Jinjiang	101.99	88.45	13.54		
南　安　Nan'an	147.71	136.14	11.57		
云　霄　Yunxiao	41.18	34.86	6.32		
漳　浦　Zhangpu	80.50	72.91	7.59		
诏　安　Zhao'an	56.97	50.61	6.36		
东　山　Dongshan	20.28	13.22	7.06		

续表 continued

沿海县（市、区） Coastal County	年末总人口 Total Population by the End of the Year	农业人口 Agricultural Population	非农业人口 Non-Agricultural Population	社会从业人员 Social Employed Population	单位从业人员 Staff and Workers
龙　海　Longhai	78.12	67.63	10.49		
福　安　Fuan	60.16	49.07	11.09		
福　鼎　Fuding	56.11	47.11	9.00		
霞　浦　Xiapu	51.28	44.65	6.63		
山　东　Shandong	**1 393.10**	**1 026.40**	**366.70**	**319.60**	**158.10**
胶　州　Jiaozhou	237.70	67.20	170.50	64.80	75.10
即　墨　Jimo	106.90	93.80	13.10	7.80	8.70
胶　南　Jiaonan	83.70	70.30	13.40	6.80	7.40
垦　利　Kenli	21.10	14.40	6.70	1.40	1.30
利　津　Lijin	29.20	23.50	5.70	1.30	1.30
广　饶　Guangrao	47.40	38.60	8.80	2.50	2.40
海　阳　Haiyang	68.50	60.50	8.00	34.70	3.30
长　岛　Changdao	4.50	2.90	1.60	1.80	0.70
龙　口　Longkou	62.50	47.80	14.70	34.60	9.60
莱　阳　Laiyang	89.00	74.70	14.30	5.30	5.00
莱　州　Laizhou	86.90	73.30	13.60	6.80	6.60
蓬　莱　Penglai	48.40	40.70	7.70	3.50	3.50
招　远　Zhaoyuan	57.50	47.10	10.40	23.90	6.20
昌　邑　Changyi	68.30	55.90	12.40	3.80	3.80
寿　光　Shouguang	106.10	85.30	20.80	5.10	5.00
文　登　Wendeng	66.00	53.50	12.50	37.40	6.80
荣　成　Rongcheng	67.90	51.60	16.30	3.00	2.10
乳　山　Rushan	60.00	52.20	7.80	33.20	5.40
无　棣　Wudi	43.20	38.40	4.80	21.20	2.40
沾　化　Zhanhua	38.30	34.70	3.60	20.70	1.50
广　东　Guangdong	**1 818.30**	**1 426.98**	**391.32**		**85.46**
澄　海　Chenghai	83.39	65.90	17.49		3.41

续表 continued

沿海县（市、区） Coastal County	年末总人口 Total Population by the End of the Year	农业人口 Agricultural Population	非农业人口 Non-Agricultural Population	社会从业人员 Social Employed Population	单位从业人员 Staff and Workers
南 澳 Nan'ao	7.26	4.58	2.68		0.64
恩 平 Enping	46.80	29.76	17.04		2.87
台 山 Taishan	99.76	64.23	35.53		4.63
新 会 Xinhui	87.30	59.76	27.54		7.91
吴 川 Wuchuan	99.56	79.42	20.14		3.24
遂 溪 Suixi	95.85	77.49	18.36		4.35
徐 闻 Xuwen	66.81	53.41	13.40		3.66
廉 江 Lianjiang	148.65	122.77	25.88		5.63
电 白 Dianbai	156.32	133.43	22.89		5.45
惠 阳 Huiyang	63.15	41.24	21.91		11.65
惠 东 Huidong	69.72	49.01	20.71		5.08
海 丰 Haifeng	74.96	55.35	19.61		2.61
陆 丰 Lufeng	150.55	118.70	31.85		4.09
饶 平 Raoping	95.09	74.90	20.19		2.93
惠 来 Huilai	107.16	88.70	18.46		3.97
雷 州 Leizhou	147.89	123.04	24.85		5.77
阳 东 Yangdong	51.50	43.90	7.60		2.99
阳 西 Yangxi	46.73	36.70	10.03		1.88
揭 东 Jiedong	119.85	104.69	15.16		2.70
广 西 Guangxi	**102.37**	**81.79**	**20.58**	**56.07**	**5.07**
合 浦 Hepu	92.33	74.35	17.98	50.02	4.27
东 兴 Dongxing	10.04	7.44	2.60	6.05	0.80
海 南 Hainan	**538.66**	**430.44**	**108.22**	**216.08**	**25.46**
琼 海 Qionghai	45.06	35.89	9.17	17.38	1.62
儋 州 Danzhou	87.60	65.49	22.11	31.67	3.54
琼 山 Qiongshan	69.42	53.61	15.81	31.60	4.18
文 昌 Wenchang	53.77	44.56	9.21	21.36	2.38
万 宁 Wanning	55.29	47.52	7.77	18.91	2.61
澄 迈 Chengmai	48.55	39.44	9.11	16.85	2.56
临 高 Lingao	40.93	33.91	7.02	17.35	1.44
昌 江 Changjiang	22.71	15.81	6.90	8.71	2.24
东 方 Dongfang	37.04	28.43	8.61	17.22	1.97
乐 东 Ledong	45.67	38.93	6.74	20.86	1.77
陵 水 Lingshui	32.62	26.85	5.77	14.17	1.15

1-11 全国主要海洋产业总产值和增加值（2001年）
Gross Output Value and Added Value of Major Marine Industries, 2001

海洋产业 Marine Industry	总产值 (亿元) Gross Value (100 million yuan)	增加值 (亿元) Added Value (100 million yuan)	比上年增长（%） (按1990年不变价) Percentage of Increase Over Last Year (at 1990 Constant price)
合 计 Total	**7 233.80**	**3 297.28**	**8.7**
海洋水产 Marine Fisheries	2 256.56	1 144.96	7.1
海洋石油和天然气 Offshore Oil and Natural Gas	320.68	230.45	1.1
海滨砂矿 Beach Placer	3.17	0.77	3.9②
海洋盐业 Sea Salt Industry	90.99①	35.42	9.5
海洋化工 Marine Chemical	76.27	25.62	
海洋生物制药和保健品 Marine Biological Pharmaceatical and Health Products	20.87	6.63	
海洋电力和海水利用 Marine Electric Power and Seawater Utilization	421.32	230.43	
沿海造船 Coastal Shipbuilding	292.72①	73.63	18.1
海洋工程建筑 Marine Engineering Architecture	17.81	6.36	
海洋交通运输 Maritime Transportation	788.93①	355.02	10.0②
沿海旅游 Coastal Tourism	2 502.87	1 072.03	
海洋信息服务 Marine Information Consultation Service	13.10	3.41	
其他海洋产业 Other Marine Industries	428.51	112.55	

注：①数据来自沿海地区的海洋主管部门。
②按当年价计算。

Note: ①Data come from the local oceanic administration.
②These data are calculated at current year price.

1-12 沿海地区主要海洋产业总产值（2001年）

Gross Output Value of Major Marine Industries of Coastal Regions, 2001

单位：亿元　Unit:100 million yuan

地区 Region	合计 Total	海洋水产 Marine Fisheries	海洋石油与天然气 Offshore Oil and Natural Gas	海滨砂矿 Beach Placer
全国总计 Total	**7 233.80**[①]	**2 256.56**	**320.68**	**3.17**
天津 Tianjin	268.65	7.03	77.62	
河北 Hebei	115.75	41.69		
辽宁 Liaoning	362.37	245.80	2.42	
上海 Shanghai	624.93	14.44		
江苏 Jiangsu	171.98	125.15		
浙江 Zhejiang	603.32	303.25		
福建 Fujian	684.08	377.06		0.95
山东 Shandong	840.58	554.52	30.97	0.02
广东 Guangdong	1 542.69	402.11	209.67	0.23
广西 Guangxi	121.14	104.68		0.03
海南 Hainan	102.31	80.83		1.94

续表 continued

地 区 Region	海洋盐业 Sea Salt Industry	海洋化工 Marine Chemicals	海洋药物 Marine Medicines	海洋电力和海水利用 Marine Electric Power and Seawater Utilization	沿海造船 Coastal Shipbuilding
全国总计 **Total**	**90.99**	**76.27**	**20.87**	**421.32**	**292.72**
天 津 Tianjin	4.89	38.33			3.95
河 北 Hebei	6.64	18.10		15.03	4.00
辽 宁 Liaoning	4.51				60.34
上 海 Shanghai					77.01
江 苏 Jiangsu	5.70	15.06	4.30		13.11
浙 江 Zhejiang	1.37		8.16	0.34	37.14
福 建 Fujian	1.14		6.20		23.47
山 东 Shandong	65.63	4.78	0.98	45.08	35.39
广 东 Guangdong	0.52		1.23	360.87	38.25
广 西 Guangxi	0.17				
海 南 Hainan	0.42				0.06

续表 continued

地区 Region	海洋工程建筑 Marine Engineering Architecture	海洋交通运输 Maritime Transportation	沿海旅游 Coastal Tourism	海洋信息服务 Marine Information Service	其他产业 Others
全国总计 Total	**17.81**	**788.93**	**2 502.87②**	**13.10**	**428.51**
天津 Tianjin		44.27	23.17		69.39
河北 Hebei		24.10	6.19		
辽宁 Liaoning		21.95	27.35		
上海 Shanghai		383.98	149.50		
江苏 Jiangsu		2.95	5.71		
浙江 Zhejiang	1.44	18.30	45.83	8.10	179.39
福建 Fujian	14.30	20.69	73.14	5.00	162.13
山东 Shandong	2.07	75.20	25.30	…	0.64
广东 Guangdong		186.76	343.05		
广西 Guangxi		4.23	1.17		10.86
海南 Hainan		6.50	6.46		6.10

注：①由于国内旅游收入只有全国总计数据，缺少沿海地区的数据，故分项值合计不等于总计。

②含国内旅游收入1 796亿元。

Note: ①As only the national grand total data on earnings from domestic tourism are available while the data for coastal regions are lacking,summation of the subitem value is not equal to the grand total.

②includes 179.6billion yuan of earnings from domestic tourism.

1-13 海洋社会从业人数（2001年）

Number of Employees in the Marine Sector，2001

单位：人　Unit: Person

地　区 Region	合　计 Total	海洋水产 Marine Fisheries	海洋石油与天然气 Offshore Oil and Natural Gas	海滨砂矿 Beach Placer
全国总计 Total	**4 319 430**	**2 949 840**	**19 297**	**4 488**
天　津 Tianjin	75 418	6 610	8 062	
河　北 Hebei	114 002	59 968		
辽　宁 Liaoning	345 645	252 387	282	
上　海 Shanghai	227 240	8 218	101	
江　苏 Jiangsu	261 996	171 193		
浙　江 Zhejiang	500 142	446 066		
福　建 Fujian	723 129	626 255		2 262
山　东 Shandong	722 224	555 284	4 854	50
广　东 Guangdong	958 520	492 569	5 998	891
广　西 Guangxi	180 148	159 969		205
海　南 Hainan	210 966	171 321		1 080

续表 continued

地区 Region	海洋盐业 Sea Salt Industry	沿海造船 Coastal Shipbuilding	海洋交通运输 Maritime Transportation
全国总计 Total	**135 265**	**153 810**	**340 772**
天　津 Tianjin	12 312	4 677	22 022
河　北 Hebei	19 843	2 838	20 641
辽　宁 Liaoning	12 083	20 645	25 918
上　海 Shanghai		38 481	94 900
江　苏 Jiangsu	23 178	37 782	12 404
浙　江 Zhejiang	7 944		
福　建 Fujian	14 667	11 483	17 068
山　东 Shandong	34 885	17 365	49 600
广　东 Guangdong	4 420	20 338	87 759
广　西 Guangxi	2 898		6 331
海　南 Hainan	3 035	201	4 129

续表 continued

地区 Region	沿海国际旅游 Coastal International Tourism	海洋环保 Marine Environmental Protection	海洋科研服务 Marine Science Research Service
全国总计 Total	**642 595**	**60 092**	**13 271**
天津 Tianjin	17 661	1 672	2 402
河北 Hebei		10 391	321
辽宁 Liaoning	26 548	6 937	845
上海 Shanghai	81 162	2 009	2 369
江苏 Jiangsu	8 486	7 770	1 183
浙江 Zhejiang	41 022	4 199	911
福建 Fujian	47 386	3 336	672
山东 Shandong	46 622	10 873	2 691
广东 Guangdong	336 269	8 843	1 433
广西 Guangxi	7 509	3 136	100
海南 Hainan	29 930	926	344

1-14 主要海上活动船舶（2001年）

Major Vessels Operating on the Sea，2001

类别 Type	艘数 (艘) Number of Vessels	总吨 grt (万吨位) (10000	净载重量 Net Weight Tonnage (万吨) (10000 tons)	载客量 (客位) Passenger Spaces	总功率 (千瓦) Total Power (kW)
合 计 Total	**293 683**	**3 048.43**	**3 303.82**	**141 207**	**26 035 271**
海洋运输船舶 Maritime Transport Vessels	**10 718**	**2 450.22**	**3 303.82**	**141 207**	**13 035 428**
海洋油气船舶 Offshore Oil and Gas Vessels	**98**				
钻井船 Drilling Vessels	12				
物探船 Physical Exploration Vessels	6				
其 他 Others	80				
海洋地质勘探船 Marine Geology Survey Vessels	**13**				
海洋渔业 Marine Fishing Vessels	**282 824**	**597.24**			**12 976 508**
机动渔船 Motorized Fishing Vessels	282 824	597.24			12 976 508
生产渔船 Productive Vessels	270 228	552.03			12 127 429
海洋管理与科研船舶 Marine Management and Science Research Vessels	**30**	**0.97**			**23 335**
调查船 Marine Survey Vessels					
中国科学院 Chinese Acadamy of Sciences	7	0.97			23 335
国家海洋局 State Oceanic Administration	2				
海监船 Marine Monitoring Vessels	21				

注：海洋油气船舶仅为中国海洋石油总公司所属。

Note: Offshore oil and gas vessels only include the China National Offshore Oil Corp. 's vessels.

二 海洋水产

MARINE FISHERIES

2-1 海洋水产生产情况

Survey of Marine Aquatic Production

项　目　Item	1999	2000	2001
一、海水水产品产量 Total Seawater Aquatic Products	**24 719 208**	**25 387 389**	**25 721 467**
1.海洋捕捞产量（吨） Marine Catches (t)	**14 976 223**	**14 774 524**	**14 406 144**
按海域分：渤海 By Sea Areas: Bohai Sea	1 624 517	1 462 776	1 374 114
黄海 Huanghai Sea	3 477 667	3 453 202	3 215 401
东海 East China Sea	5 455 929	5 505 651	5 397 899
南海 South China Sea	3 459 653	3 512 801	3 580 176
其他海域 Other Sea Areas	958 457	843 504	838 554
按品种分：鱼类 By Species: Fish	10 242 321	9 900 182	9 632 356
虾蟹类 Shrimp and Crab	2 504 410	2 626 899	2 564 944
贝类 Shellfish	1 650 078	1 782 438	1 709 939
藻类 Algae	21 555	20 429	26 687
其他 Others	551 859	444 576	472 218
2.海水养殖产量（吨） Mariculture Production (t)	**9 742 985**	**10 612 865**	**11 315 323**
按水面类型分：浅海 By Type of Water Surface: Shallow Sea	4 419 357	5 000 047	4 938 427
港湾 Bay	665 223	817 628	939 658

续表 continued

项 目 Item	1999	2000	2001
滩涂 Tidal-Flat	4 658 405	4 795 190	5 437 238
按品种分：By Species: 鱼类 Fish	338 805	462 957	494 725
虾蟹类 Shrimp and Crab	226 395	343 184	457 078
贝类 Shellfish	7 934 771	8 607 050	9 112 435
藻类 Algae	1 172 838	1 201 559	1 214 810
其他 Others	30 176	34 115	36 275
二、海水养殖面积（千公顷）Mariculture Area（khm^2）	**1 094**	**1 244**	**1 286**
按水面类型分：By Water Surface Type: 浅海 Shallow Sea	263	326	289
港湾 Bay	201	231	245
滩涂 Tidal-Flat	630	686	752
按品种分：By Species: 鱼类 Fish	71	77	79
虾蟹类 Shrimp and Crab	238	267	291
贝类 Shellfish	711	812	797
藻类 Algae	54	56	58
其他 Others	20	31	61
三、海洋水产加工 Marine Aquatic Products Processing			
水产品加工能力（万吨/年）Capacity of Aquatic Processing (10 000 t/a)	1 099	934	1 061
水产品加工总量（万吨）Total Output of Processed Aquatic Products(10 000 tons)	610	652	691

2-2 沿海地区海洋捕捞产量

Marine Catches by Coastal Regions

单位：吨 Unit:ton

地 区	Region	1999	2000	2001
全国总计	**National Total**	**14 976 223**	**14 774 524**	**14 406 144**
天 津	**Tianjin**	**34 055**	**35 098**	**37 143**
塘 沽	Tanggu	10 162	11 886	12 736
汉 沽	Hangu	10 629	11 506	11 205
大 港	Dagang	1 378	1 042	1 109
河 北	**Hebei**	**328 323**	**327 371**	**318 147**
丰 南	Fengnan	30 195	38 037	44 423
滦 南	Luannan	84 100	86 449	85 706
乐 亭	Leting	10 661	93 892	66 058
唐 海	Tanghai		255	110
昌 黎	Changli	22 143	12 200	12 130
抚 宁	Funing	16 187	15 347	13 815
海 兴	Haixing	4 198	2 970	3 400
黄 骅	Huanghua	83 392	82 214	69 960
辽 宁	**Liaoning**	**1 576 911**	**1 501 887**	**1 496 053**
长 海	Changhai	130 058	130 088	130 087
瓦房店	Wafangdian	158 683	158 201	157 901
普兰店	Pulandian	45 617	45 544	45 540
庄 河	Zhuanghe	117 078	116 976	116 619
东 港	Donggang	75 133	79 094	79 371
凌 海	Linghai	41 776	41 204	41 508
盖 州	Gaizhou	59 435	60 145	60 204
大 洼	Dawa	44 000	40 500	44 770
盘 山	Panshan	13 800	9 340	7 460
绥 中	Suizhong	96 697	96 665	91 639

续表 continued

地　区	Region	1999	2000	2001
兴　城	Xingcheng	75 592	74 745	77 639
上　海	**Shanghai**	**122 011**	**120 174**	**102 269**
宝　山	Baoshan	6 431	6 847	7 950
浦东新区	Pudong	578	531	519
南　汇	Nanhui	8 721	7 565	6 462
奉　贤	Fengxian	1 008	1 002	763
金　山	Jinshan	2 811	2 696	2 382
崇　明	Chongming	21 203	22 867	24 919
江　苏	**Jiangsu**	**683 172**	**659 967**	**639 658**
海　安	Hai'an	6 261	6 876	6 590
如　东	Rudong	90 834	73 699	74 525
海　门	Haimen	36 965	37 180	37 016
启　东	Qidong	247 583	214 100	210 077
通　州	Tongzhou	6 537	3 435	3 505
赣　榆	Ganyu	141 123	91 110	88 810
东　海	Donghai	10 127	11 000	10 000
灌　云	Guanyun	13 905	11 530	10 838
灌　南	Guannan	10 410	10 220	10 020
响　水	Xiangshui	34 168	16 650	16 700
滨　海	Binhai	18 965	13 375	13 798
射　阳	Sheyang	94 925	42 201	44 057
大　丰	Dafeng	39 463	21 793	21 005
东　台	Dongtai	54 382	39 095	38 226
浙　江	**Zhejiang**	**3 312 393**	**3 395 749**	**3 293 072**
象　山	Xiangshan	448 548	464 412	465 180
宁　海	Ninghai	18 000	16 239	15 988
余　姚	Yuyao	3 298	3 395	3 131
鄞　县	Yinxian	5 600	5 780	5 500

续表 continued

地　区	Region	1999	2000	2001
慈　溪	Cixi	5 293	5 542	5 478
奉　化	Fenghua	37 000	40 686	42 186
洞　头	Dongtou	131 069	149 001	137 884
平　阳	Pingyang	30 758	31 637	36 454
苍　南	Cangnan	141 749	143 138	153 999
瑞　安	Rui'an	116 518	130 925	130 134
乐　清	Yueqing	20 001	19 011	19 023
海　盐	Haiyan		655	538
平　湖	Pinghu		4 622	5 190
上　虞	Shangyu		7 085	7 210
岱　山	Daishan	352 550	376 715	352 890
嵊　泗	Shengsi	222 537	223 369	214 401
临　海	Linhai	85 500	89 901	91 781
温　岭	Wenling	431 358	436 000	424 931
三　门	Sanmen	14 995	18 086	16 819
玉　环	Yuhuan	218 579	206 483	196 194
福　建	**Fujian**	**2 066 455**	**2 078 009**	**2 092 126**
山　东	**Shandong**	**3 325 182**	**3 078 395**	**2 780 226**
胶　州	Jiaozhou	28 809		29 859
即　墨	Jimo	125 000		118 233
胶　南	Jiaonan	107 890		102 983
垦　利	Kenli	32 660	25 500	25 000
利　津	Lijin	24 300	18 000	18 000
广　饶	Guangrao	35 000	32 000	31 000
海　阳	Haiyang	156 962		156 721
长　岛	Changdao	121 152	121 186	106 200
龙　口	Longkou	84 239		88 618
莱　阳	Laiyang	2 300		2 500
莱　州	Laizhou	163 945		156 056

续表 continued

地区	Region	1999	2000	2001
蓬莱	Penglai	256 612		258 612
招远	Zhaoyuan	4 500		3 500
昌邑	Changyi	44 576		36 194
寿光	Shouguang	336 221		311 641
文登	Wendeng	224 370		
荣成	Rongcheng	600 400		
乳山	Rushan	111 014		
无棣	Wudi	51 202	51 004	43 312
沾化	Zhanhua	49 000	70 600	42 215
广东	**Guangdong**	**1 945 157**	**1 914 781**	**1 880 226**
广西	**Guangxi**	**888 557**	**888 417**	**893 069**
合浦	Hepu	117 151	118 210	120 913
东兴	Dongxing	36 627	37 000	36 392
海南	**Hainan**	**511 008**	**598 853**	**691 178**
临高	Lingao		180 019	225 390
儋州	Danzhou		164 121	185 439
陵水	Lingshui		37 336	42 492
乐东	Ledong		15 797	17 375
琼海	Qionghai		27 628	32 484
文昌	Wenchang		23 933	27 258
昌江	Changjiang		38 345	44 149
琼山	Qiongshan		4 585	5 796
万宁	Wanning		13 212	14 714
澄迈	Chengmai		14 124	15 557
东方	Dongfang		5 500	6 289
洋浦	Yangpu		18 901	13 761

2-3 沿海地区海水养殖产量

Mariculture Production by Coastal Regions

单位：吨 Unit:ton

地 区	Region	1999	2000	2001
全国总计	**National Total**	**9 692 568**	**10 612 865**	**11 315 323**
天 津	**Tianjin**	**3 411**	**4 742**	**6 691**
塘 沽	Tanggu	1 013	1 495	2 236
汉 沽	Hangu	2 051	2 803	3 923
大 港	Dagang	322	409	498
河 北	**Hebei**	**95 106**	**154 661**	**196 264**
丰 南	Fengnan	3 170	4 004	3 350
滦 南	Luannan	15 613	16 869	22 138
乐 亭	Leting	36 000	34 047	39 241
唐 海	Tanghai	7 854	6 909	6 301
昌 黎	Changli	24 405	71 550	88 800
抚 宁	Funing	9 050	13 029	20 113
海 兴	Haixing	1 320	1 780	2 132
黄 骅	Huanghua	4 953	5 388	5 058
辽 宁	**Liaoning**	**1 391 553**	**1 521 197**	**1 608 870**
长 海	Changhai	170 085	190 177	189 948
瓦房店	Wafangdian	84 314	92 908	100 700
普兰店	Pulandian	79 508	81 655	83 568
庄 河	Zhuanghe	91 017	102 304	121 289
东 港	Donggang	85 632	85 570	94 142
凌 海	Linghai	43 148	46 662	49 872
盖 州	Gaizhou	34 631	44 086	50 692
大 洼	Dawa	26 896	28 200	22 350
盘 山	Panshan	19 220	25 720	28 980
绥 中	Suizhong	1 589	17 337	26 520

续表 continued

地　区	Region	1999	2000	2001
兴　城	Xingcheng	32 228	44 281	57 034
上　海	**Shanghai**	**834**	**2 112**	**2 635**
南　汇	Nanhui	120	150	307
奉　贤	Fengxian	562	1 085	1 872
金　山	Jinshan	146	179	449
崇　明	Chongming		1	
江　苏	**Jiangsu**	**219 391**	**248 721**	**301 356**
海　安	Hai'an	440	454	793
如　东	Rudong	50 430	52 871	58 549
海　门	Haimen	5 234	5 903	8 300
启　东	Qidong	36 726	46 271	53 500
通　州	Tongzhou	3 220	5 080	7 082
赣　榆	Ganyu	50 809	52 638	65 543
灌　云	Guanyun	1 120	686	1 597
灌　南	Guannan	35	32	50
响　水	Xiangshui	4 138	2 185	6 247
滨　海	Binhai	293	3 622	4 800
射　阳	Sheyang	12 085	12 472	17 379
大　丰	Dafeng	17 510	19 666	24 997
东　台	Dongtai	15 010	20 680	22 788
浙　江	**Zhejiang**	**581 699**	**708 846**	**776 553**
象　山	Xiangshan	47 607	65 345	80 223
宁　海	Ninghai	53 300	68 725	81 560
余　姚	Yuyao	428	383	454
鄞　县	Yinxian	2 216	2 520	3 025
慈　溪	Cixi	14 357	16 589	19 537
奉　化	Fenghua	16 367	24 475	27 469

续表 continued

地 区	Region	1999	2000	2001
洞 头	Dongtou	11 962	12 623	10 767
平 阳	Pingyang	1 619	1 904	3 374
苍 南	Cangnan	19 529	20 609	21 597
瑞 安	Rui'an	4 118	5 800	5 143
乐 清	Yueqing	56 421	65 093	66 180
海 盐	Haiyan		210	291
平 湖	Pinghu		340	617
上 虞	Shangyu		472	520
岱 山	Daishan	4 410	7 150	10 057
嵊 泗	Shengsi	13 898	17 689	20 719
临 海	Linhai	14 650	16 783	18 280
温 岭	Wenling	78 931	87 725	91 234
三 门	Sanmen	82 515	108 093	134 908
玉 环	Yuhuan	107 954	123 192	110 200
福 建	**Fujian**	**2 418 949**	**2 627 057**	**2 726 099**
山 东	**Shandong**	**2 697 852**	**2 872 290**	**3 050 657**
胶 州	Jiaozhou	47 209		60 281
即 墨	Jimo	150 842		178 404
胶 南	Jiaonan	174 525		206 400
垦 利	Kenli	10 545	21 100	23 900
利 津	Lijin	5 300	16 900	20 000
广 饶	Guangrao	600	800	12 300
海 阳	Haiyang	109 485		112 698
长 岛	Changdao	84 666	100 184	85 410
龙 口	Longkou	98 650		95 782
莱 阳	Laiyang	5 967		7 500
莱 州	Laizhou	118 340		116 381
蓬 莱	Penglai	99 688		101 688

续表 continued

地 区	Region	1999	2000	2001
招 远	Zhaoyuan	5 000		7 000
昌 邑	Changyi	5 961		16 286
寿 光	Shouguang	727		27 448
文 登	Wendeng	190 398		
荣 成	Rongcheng	463 261		
乳 山	Rushan	220 582		
无 棣	Wudi	14 006	15 992	32 530
沾 化	Zhanhua	17 032	21 600	32 500
广 东	**Guangdong**	**1 608 533**	**1 689 744**	**1 790 474**
广 西	**Guangxi**	**665 703**	**706 088**	**751 238**
合 浦	Hepu	238 891	207 223	222 341
东 兴	Dongxing	42 300	47 300	50 410
海 南	**Hainan**	**59 954**	**77 007**	**104 486**
临 高	Lingao		6 002	6 442
儋 州	Danzhou		20 195	23 117
陵 水	Lingshui		7 560	11 040
乐 东	Ledong		3 550	5 218
琼 海	Qionghai		2 995	5 405
文 昌	Wenchang		4 504	10 208
昌 江	Changjiang		670	845
琼 山	Qiongshan		3 332	5 033
万 宁	Wanning		5 095	9 616
澄 迈	Chengmai		7 347	8 805
东 方	Dongfang		4 418	5 613
洋 浦	Yangpu		2 612	163

2-4 沿海地区海水养殖面积

Mariculture Area by Coastal Regions

单位：公顷 Unit:hm²

地 区	Region	1999	2000	2001
全国总计	**National Total**	**1 094 946**	**1 243 703**	**1 286 458**
天 津	**Tianjin**	**4 302**	**4 438**	**4 394**
塘 沽	Tanggu	1 777	1 840	1 794
汉 沽	Hangu	1 129	1 131	1 164
大 港	Dagang	1 268	1 339	1 302
河 北	**Hebei**	**59 891**	**69 942**	**74 773**
丰 南	Fengnan	1 399	1 507	1 480
滦 南	Luannan	25 111	25 138	25 301
乐 亭	Leting	8 000	18 124	15 800
唐 海	Tanghai	4 206	4 206	4 251
昌 黎	Changli	6 719	15 530	14 539
抚 宁	Funing	1 616	2 670	3 544
海 兴	Haixing	3 754	3 847	3 914
黄 骅	Huanghua	4 839	4 661	4 511
辽 宁	**Liaoning**	**229 489**	**236 483**	**246 183**
长 海	Changhai	25 067	24 104	27 255
瓦房店	Wafangdian	25 243	25 319	25 636
普兰店	Pulandian	7 715	8 075	8 068
庄 河	Zhuanghe	21 643	21 407	21 873
东 港	Donggang	37 941	41 038	41 377
凌 海	Linghai	16 097	16 216	20 133
盖 州	Gaizhou	13 864	13 984	14 000
大 洼	Dawa	21 760	24 093	18 393
盘 山	Panshan	8 133	8 267	8 267
绥 中	Suizhong	1 229	2 393	2 664

续表 continued

地 区	Region	1999	2000	2001
兴 城	Xingcheng	9 080	8 601	9 517
上 海	**Shanghai**	**705**	**722**	**732**
南 汇	Nanhui	36	60	72
奉 贤	Fengxian	479	501	498
金 山	Jinshan	187	141	160
崇 明	Chongming		1	
江 苏	**Jiangsu**	**115 167**	**144 180**	**143 780**
海 安	Hai'an	607	960	2 647
如 东	Rudong	37 473	38 000	39 333
海 门	Haimen	813	1 226	1 506
启 东	Qidong	17 087	17 466	17 487
通 州	Tongzhou	3 047	3 620	4 007
赣 榆	Ganyu	11 267	9 667	11 000
灌 云	Guanyun	480	567	680
灌 南	Guannan	33	40	40
响 水	Xiangshui	1 601	2 107	2 266
滨 海	Binhai	511	585	960
射 阳	Sheyang	7 607	8 106	980
大 丰	Dafeng	17 666	21 947	22 180
东 台	Dongtai	20 033	24 687	29 346
浙 江	**Zhejiang**	**87 512**	**106 358**	**112 746**
象 山	Xiangshan	7 353	10 227	12 277
宁 海	Ninghai	11 035	13 734	14 505
余 姚	Yuyao	102	93	111
鄞 县	Yinxian	584	833	937
慈 溪	Cixi	7 310	9 381	10 318
奉 化	Fenghua	1 961	2 857	3 077

续表 continued

地　区	Region	1999	2000	2001
洞　头	Dongtou	2 888	2 955	1 729
平　阳	Pingyang	404	407	704
苍　南	Cangnan	3 465	3 816	4 469
瑞　安	Rui'an	2 055	2 357	2 163
乐　清	Yueqing	7 609	8 211	8 677
海　盐	Haiyan		112	110
平　湖	Pinghu		254	259
上　虞	Shangyu		700	850
岱　山	Daishan	1 684	2 067	2 486
嵊　泗	Shengsi	316	413	563
临　海	Linhai	2 097	2 648	3 087
温　岭	Wenling	8 349	8 843	9 071
三　门	Sanmen	8 133	11 633	13 767
玉　环	Yuhuan	10 425	11 505	8 825
福　建	**Fujian**	**122 034**	**130 283**	**134 327**
山　东	**Shandong**	**224 090**	**280 476**	**289 992**
胶　州	Jiaozhou	3 053		3 372
即　墨	Jimo	10 494		13 865
胶　南	Jiaonan	6 911		9 294
垦　利	Kenli	11 603	18 047	19 167
利　津	Lijin	9 066	9 667	11 666
广　饶	Guangrao	267	2 246	3 199
海　阳	Haiyang	6 291		6 385
长　岛	Changdao	1 896	2 013	2 217
龙　口	Longkou	1 866		1 974
莱　阳	Laiyang	1 633		2 084
莱　州	Laizhou	16 588		16 204
蓬　莱	Penglai	3 400		3 400

续表 continued

地 区	Region	1999	2000	2001
招 远	Zhaoyuan	160		200
昌 邑	Changyi	10 543		11 000
寿 光	Shouguang	14 067		14 067
文 登	Wendeng	7 913		
荣 成	Rongcheng	16 089		
乳 山	Rushan	600		
无 棣	Wudi	14 002	22 001	28 806
沾 化	Zhanhua	15 673	17 336	20 860
广 东	**Guangdong**	**180 089**	**194 885**	**202 792**
广 西	**Guangxi**	**58 597**	**61 410**	**60 888**
合 浦	Hepu	17 127	17 494	17 896
东 兴	Dongxing	5 000	4 740	4 724
海 南	**Hainan**	**13 070**	**14 526**	**15 851**
临 高	Lingao		1 003	897
儋 州	Danzhou		2 329	2 617
陵 水	Lingshui		965	1 080
乐 东	Ledong		689	782
琼 海	Qionghai		763	859
文 昌	Wenchang		1 878	2 130
昌 江	Changjiang		130	180
琼 山	Qiongshan		1 189	1 231
万 宁	Wanning		1 325	1 330
澄 迈	Chengmai		1 223	1 292
东 方	Dongfang		894	901
洋 浦	Yangpu		945	9

2-5 沿海地区海洋水产业总产值*

Gross Output Value of Marine Fisheries by Coastal Regions

单位：万元 Unit:10 000 yuan

地 区	Region	1999	2000	2001
全国总计	**National Total**	**19 988 361**	**20 843 408**	**22 565 626**
天 津	**Tianjin**	**62 198**	**66 643**	**70 265**
塘 沽	Tanggu	426	12 061	16 386
汉 沽	Hangu	530	27 175	35 954
大 港	Dagang	20	1 605	4 524
河 北	**Hebei**	**354 321**	**330 480**	**416 954**
丰 南	Fengnan	89 333	39 000	48 351
滦 南	Luannan	47 706	59 551	67 452
乐 亭	Leting	45 525	45 536	111 203
唐 海	Tanghai	47 174	41 664	41 600
昌 黎	Changli	40 300	51 236	59 827
抚 宁	Funing	20 312	22 297	26 300
海 兴	Haixing	5 333	6 076	6 076
黄 骅	Huanghua	37 272	38 513	25 827
辽 宁	**Liaoning**	**1 923 474**	**2 112 957**	**2 458 001**
长 海	Changhai	108 322	191 996	181 079
瓦房店	Wafangdian	97 385	151 227	132 935
普兰店	Pulandian	89 250	261 340	180 887
庄 河	Zhuanghe	157 545	331 625	258 489
盖 州	Gaizhou	54 120	60 520	54 340
大 洼	Dawa	98 065	59 880	60 752
盘 山	Panshan	98 937	45 294	45 892
东 港	Donggang	163 764	208 110	162 714
凌 海	Linghai	45 683	53 070	55 520

续表 continued

地区	Region	1999	2000	2001
绥中	Suizhong	40 218	51 919	48 942
兴城	Xingcheng	55 580	61 940	60 279
上海	**Shanghai**	**120 999**	**131 049**	**144 395**
浦东	Pudong	561	666	590
宝山	Baoshan	6 426	14 560	13 340
南汇	Nanhui	6 009	13 013	7 994
奉贤	Fengxian	3 056	5 528	16 132
金山	Jinshan	1 760		5 194
崇明	Chongming	17 955	23 814	24 645
江苏	**Jiangsu**	**1 107 632**	**1 143 664**	**1 251 550**
海安	Hai'an	5 900	6 642	14 660
如东	Rudong	137 600	128 610	132 000
海门	Haimen	45 415	54 664	50 800
启东	Qidong	332 100	353 920	318 600
通州	Tongzhou	7 380	9 501	11 460
赣榆	Ganyu	205 430	142 339	148 178
灌云	Guanyun	24 204	11 070	18 897
灌南	Guannan	8 601	9 868	9 741
响水	Xiangshui	26 254	12 593	18 437
滨海	Binhai	25 874	29 725	33 071
射阳	Sheyang	84 872	53 061	55 523
大丰	Dafeng	18 419	31 474	20 261
东台	Dongtai	51 988	50 870	63 190
浙江	**Zhejiang**	**2 955 323**	**3 007 403**	**3 032 483**
象山	Xiangshan		391 306	414 485
宁海	Ninghai		77 122	88 745
鄞县	Yinxian		13 044	14 406

续表 continued

地　区	Region	1999	2000	2001
慈　溪	Cixi		59 295	69 455
奉　化	Fenghua		59 678	64 460
洞　头	Dongtou		75 608	67 479
平　阳	Pingyang		16 351	21 930
苍　南	Cangnan		105 154	106 398
瑞　安	Rui'an		101 695	100 057
乐　清	Yueqing		109 339	113 173
海　盐	Haiyan		2 087	1 711
平　湖	Pinghu		2 925	5 017
上　虞	Shangyu		11 667	16 197
岱　山	Daishan		178 089	210 264
嵊　泗	Shengsi		94 882	95 961
临　海	Linhai		73 195	75 789
温　岭	Wenling		568 913	545 179
三　门	Sanmen		79 857	93 610
玉　环	Yuhuan		238 339	224 200
余　姚	Yuyao		6 943	7 092
福　建	**Fujian**	**3 198 274**	**3 477 594**	**3 770 614**
山　东	**Shandong**	**5 685 765**	**5 517 747**	**5 545 217**
胶　州	Jiaozhou	81 793		98 129
即　墨	Jimo	162 484		197 545
胶　南	Jiaonan	168 282		252 836
垦　利	Kenli	17 340	19 345	22 850
利　津	Lijin	17 069	20 583	22 862
广　饶	Guangrao	8 980	19 800	
海　阳	Haiyang	156 381		197 471
长　岛	Changdao	112 875	109 997	120 957
龙　口	Longkou	101 741		122 916
莱　阳	Laiyang	11 826		22 800
莱　州	Laizhou	200 877		233 284

续表 continued

地　区	Region	1999	2000	2001
蓬　莱	Penglai	227 866		280 469
招　远	Zhaoyuan	5 877		11 900
昌　邑	Changyi	36 535		45 208
寿　光	Shouguang	103 401		118 321
文　登	Wendeng	274 794		
荣　成	Rongcheng	872 792		
乳　山	Rushan	181 927		
无　棣	Wudi	72 090	85 342	84 268
沾　化	Zhanhua	45 626	45 903	49 180
广　东	**Guangdong**	**3 156 435**	**3 356 240**	**4 021 091**
广　西	**Guangxi**	**947 513**	**1 087 716**	**1 046 756**
合　浦	Hepu		243 057	267 224
东　兴	Dongxing		45 865	38 002
海　南	**Hainan**	**476 427**	**611 915**	**808 300**
临　高	Lingao		121 037	188 400
儋　州	Danzhou		167 059	216 500
陵　水	Lingshui		36 966	54 000
乐　东	Ledong		19 818	23 500
琼　海	Qionghai		28 594	40 900
文　昌	Wenchang		47 442	53 400
昌　江	Changjiang		18 673	38 500
琼　山	Qiongshan		18 156	20 300
万　宁	Wanning		29 614	25 200
澄　迈	Chengmai		16 510	27 700
东　方	Dongfang		17 151	17 400
洋　浦	Yangpu		15 255	15 600

注：*这里仅包括海水水产品产值与海洋水产工业产值之和。

Note: *only refers to the total amount of output value of seawater aquatic products and output value of marine aquatic products industry.

2-6 海洋水产业分类产值

Output Value of Marine Fisheries by Type

单位：亿元 Unit:100 million yuan

项 目 Item	1999	2000	2001
一、海洋水产总产值 Gross Output Value of Marine Fisheries	**1 998.83**	**2 084.34**	**2 256.56**
海水水产品 Seawater Aquatic Products	1 269.21	1 352.39	1 447.87
海洋水产工业 Marine Aquatic Products Industry	729.09	731.95	808.69
二、海洋水产增加值 Added Value of Marine Fisheries	**1 319.19**	**1 398.29***	**1 144.96**

注：* 为估计值。

Note: *The datum is estimated value.

2-7 海洋机动渔船年末拥有量

Number of Marine Motorized Fishing Vessels Owned by the End of Year

项 目 Item	单 位 Unit	1999	2000	2001
机动渔船 Motorized Fishing Vessel	艘数（艘） Number	279 994	289 682	282 824
	总吨（吨位） grt (t)	5 600 419	5 820 106	5 972 413
	总功率（千瓦） Power (kW)	12 180 709	12 727 083	12 976 508
机动生产渔船 Productive Vessel	艘数（艘） Number	271 110	279 729	270 228
	总吨（吨位） grt (t)	5 314 074	5 422 721	5 520 292
	总功率（千瓦） Power (kW)	11 635 432	12 017 986	12 127 429
远洋渔船 Ocean-going Fishing Vessel	艘数（艘） Number	1 252	1 719	1 897
	总吨（吨位） grt(t)	532 430	704 369	723 303
	总功率（千瓦） Power (kW)	839 074	1 099 688	1 177 148

2-8 海洋群众渔业组织、人口、劳动力情况
Non-Governmental Fishery Organization, Population and Labour Force

项 目 Item	单 位 Unit	1999	2000	2001
渔业乡 Townships	个 Number	327	429	405
渔业村 Villages	个 Number	3 978	4 280	4 214
渔业人口 Population	万人 10 000 Persons	513.77	555.47	561.91
渔业劳动力 Labors	万人 10 000 Persons	229.51	280.48	292.94
专业劳动力 Full-time laborers	万人 10 000 Persons	188.96	206.86	211.15
兼业劳动力 Part-time laborers	万人 10 000 Persons	40.55	73.62	81.78

三 海洋石油和天然气

OFFSHORE OIL AND NATURAL GAS

3-1 海洋原油产量
Output of Offshore Crude Oil

单位：万吨 Unit:10 000 tons

部门和地区 Sector and Region	1999	2000	2001
合　计 Total	**1 891.23**	**2 080.36**	**2 142.95**
按部门分： By Sectors:			
中国海洋石油总公司CNOOC	1 589.20	1 774.65	1 843.35
中国石油天然气集团公司CNPC	101.00	88.00	86.00
中国石油化工集团公司SINOPEC	201.03	217.71	213.60
按地区分： By Regions:			
天　津 Tianjin	334.29	409.74	620.64
辽　宁 Liaoning	28.00	26.00	25.00
上　海 Shanghai	56.47	52.98	58.93
山　东 Shandong	201.03	217.71	213.60
广　东 Guangdong	1 271.44	1 373.93	1 224.78

3-2 海洋天然气产量
Output of Offshore Natural Gas

单位：万立方米 Unit:10 000 m^3

部门和地区 Sector and Region	1999	2000	2001
合　计 Total	**477 646**	**460 127**	**457 212**
按部门分： By Sectors:			
中国海洋石油总公司CNOOC	439 195	425 107	421 416
中国石油天然气集团公司CNPC	36 501	31 263	20 196
中国石油化工集团公司SINOPEC	1 950	3 757	15 600
按地区分： By Regions:			
天　津 Tianjin	76 360	72 902	62 874
辽　宁 Liaoning	7 653	8 934	8 524
上　海 Shanghai	16 613	28 487	35 706
山　东 Shandong	1 950	3 757	15 600
广　东 Guangdong	375 070	346 047	334 508

CNOOC: China National Offshore Oil Corp.

CNPC: China National Petroleum Corp.

SINOPEC: China Petrochemical Corp.

3-3 海洋原油产值
Output Value of Offshore Crude Oil

单位：万元 Unit:10 000 yuan

部门和地区 Sector and Region	1999	2000	2001
合 计 Total	**1 857 821**	**3 415 250**	**2 818 112**
按部门分： By Sectors:			
中国海洋石油总公司 CNOOC	1 602 099	2 929 501	2 422 261
中国石油天然气集团公司 CNPC	98 799	140 481	106 621
中国石油化工集团公司 SINOPEC	156 923	345 268	289 230
按地区分： By Regions:			
天 津 Tianjin	295 937	587 884	709 115
辽 宁 Liaoning	26 113	44 251	20 714
山 东 Shandong	156 923	345 268	289 230
广 东 Guangdong	1 378 848	2 437 847	1 799 053

3-4 海洋天然气产值
Output Value of Offshore Natural Gas

单位：万元 Unit:10 000 yuan

部门和地区 Sector and Region	1999	2000	2001
合 计 Total	**320 987**	**314 337**	**307 050**
按部门分： By Sectors:			
中国海洋石油总公司CNOOC	303 466	296 801	293 891
中国石油天然气集团公司CNPC	17 521	17 536	9 188
中国石油化工集团公司 SINOPEC			3 971
按地区分： By Regions:			
天 津 Tianjin	46 355	45 948	39 769
辽 宁 Liaoning	4 085	4 937	3 498
山 东 Shandong			3 971
广 东 Guangdong	270 547	263 452	259 812

3-5 海洋原油出口量及创汇额

Export Volume and Foreign-Exchange Earnings of Offshore Crude Oil

单位:万吨,万美元

Unit: 10 000 tons, 10 000 US$

部门和地区 Sector and Region	1999		2000		2001	
	出口量 Export Volume	创汇额 Foreign-Exchange Earnings	出口量 Export Volume	创汇额 Foreign-Exchange Earnings	出口量 Export Volume	创汇额 Foreign-Exchange Earnings
合 计 Total	**246.26**	**25 286**	**545.12**	**119 237**	**349.25**	**58 428**
中国海洋石油总公司 CNOOC	246.26	25 286	545.12	119 237	349.25	58 428
天 津 Tianjin	4.72	736			15.26	1 245
广 东 Guangdong	241.54	24 550	545.12	119 237	333.99	58 428

3-6 海洋油田生产井概况（2001年）

Survey of Offshore Oilfield Production Wells, 2001

单位：口　Unit:number

部门和地区 Sector and Region	合 计 Total	采油井 Oil Wells	采气井 Gas Wells	注水井 Injection Wells	其他井 Others
合 计 Total	**1 780**	**1 466**	**60**	**225**	**29**
按部门分： By Sectors:					
中国海洋石油总公司CNOOC	712	613	30	47	22
中国石油天然气集团公司CNPC	824	633	30	154	7
中国石油化工集团公司SINOPEC	244	220	0	24	0
按地区分： By Regions:					
天 津 Tianjin	1 119	883	41	173	22
辽 宁 Liaoning	178	155	0	18	5
上 海 Shanghai	15	7	8	0	0
山 东 Shandong	244	220	0	24	0
广 东 Guangdong	224	201	11	10	2

3-7 海洋石油勘探工作量（2001年）
Work Volume of Offshore Oil Exploration, 2001

部门和地区 Sector and Region	自营 Self-managing			合作 Cooperative		
	地震测线（公里）Seismic Line (km)	钻井（口）Drilling (Well)		地震测线（公里）Seismic Line (km)	钻井（口）Drilling (Well)	
		预探井 Wildcat Wells	评价井 Appraisal Wells		预探井 Wildcat Wells	评价井 Appraisal Wells
合计 Total	**41 924**	**26**	**6**	**140 795**	**11**	**18**
按部门分：By Sectors:						
中国海洋石油总公司 CNOOC	35 748	8	5	140 795	11	18
中国石油天然气集团公司 CNPC	463	4	1	0	0	0
中国石油化工集团公司 SINOPEC	5 713	14	0	0	0	0
按地区分：By Regions:						
天津 Tianjin	6 694	2	4	77 823	4	16
辽宁 Liaoning	0	2	1	0	0	0
山东 Shandong	5 713	14	0	0	0	0
上海 Shanghai	496	2	0	0	0	1
广东 Guangdong	29 021	6	1	62 972	7	1

3-8 海洋石油天然气工业总产值

Gross Output Value of Offshore Oil and Natural Gas Industry

单位：万元　Unit:10 000 yuan

部门和地区 Sector and Region	1999	2000	2001
合　计　Total	**2 286 930**	**3 837 751**	**3 206 750**
按部门分：　By Sectors:			
中国海洋石油总公司CNOOC	1 958 073	3 317 417	2 781 242
中国石油天然气集团公司CNPC	116 390	158 017	115 809
中国石油化工集团公司SINOPEC	212 467	362 317	309 699
按地区分：　By Regions:			
天　津　Tianjin	363 584	674 344	776 162
辽　宁　Liaoning	30 268	49 188	24 212
上　海　Shanghai	4 477		
山　东　Shandong	212 467	362 317	309 699
广　东　Guangdong	1 676 134	2 751 902	2 096 677

3-9 海洋石油天然气工业增加值

Added Value of Offshore Oil and Natural Gas Industry

单位：万元　Unit:10 000 yuan

部门和地区 Sector and Region	1999	2000	2001
合　计　Total	**1 309 085**	**2 237 906**	**2 304 458**
按部门分：　By Sectors:			
中国海洋石油总公司CNOOC	1 086 931*	1 949 827*	2 043 766*
中国石油天然气集团公司CNPC	95 312	89 632	82 244
中国石油化工集团公司SINOPEC	126 842	198 447	178 448
按地区分：　By Regions:			
天　津　Tianjin	350 331	513 692	681 364
辽　宁　Liaoning	22 028	34 432	16 605
上　海　Shanghai	3 531		
山　东　Shandong	126 842	198 447	178 448
广　东　Guangdong	705 291	1 254 796	891 134

注：*其中还包括其他地区的部分资料。

Note: *This datum also includes data of other regions.

四海滨砂矿

BEACH PLACER

4-1 海滨砂矿产量（2001年）

Output of Beach Placer, 2001

单位：吨　Unit: ton

合　计 Total	福　建 Fujian	山　东 Shandong	广　东 Guangdong	广　西 Guangxi	海　南 Hainan
1 545 923	1 315 152	34 000	8 011	37 200	151 560

4-2 海滨砂矿工业总产值和增加值

Gross Output Value and Added Value of Beach Placer Industry

单位：万元　Unit：10 000 yuan

地　区 Region	工业总产值 Gross Output Value of Industry			工业增加值 Added Value of Industry		
	1999	2000	2001	1999	2000	2001
合　计　Total	**8 890**	**30 530**	**31 732**	**3 030**	**6 107**	**7 742**
福　建　Fujian		9 663	9 493			
山　东　Shandong	165	520	210	49	156	63
广　东　Guangdong	6 113	2 819	2 348	2 126	841	822
广　西　Guangxi	168	261	306			76
海　南　Hainan	2 444	17 267	19 375	855	5 110	6 781

五 海洋盐业

SEA SALT INDUSTRY

5-1 沿海地区海盐产量
Output of Sea Salt by Coastal Regions

单位：万吨　Unit:10 000 tons

地　区 Region	1999	2000	2001
合　计　Total	**2 051.4**	**2 364.4**	**2 205.0**
天　津　Tianjin	242.7	250.2	252.0
河　北　Hebei	395.7	456.9	468.0
辽　宁　Liaoning	284.7	277.0	285.0
江　苏　Jiangsu	216.6	191.2	203.0
浙　江　Zhejiang	31.0	50.2	47.0
福　建　Fujian	41.5	44.0	47.0
山　东　Shandong	785.1	1 050.0	870.0
广　东　Guangdong	25.8	18.6	13.0
广　西　Guangxi	15.3	12.9	7.0
海　南　Hainan	13.0	13.4	13.0

5-2 盐业主要化工产品产量

Output of Principal Species in the Salt Industry

单位：吨 Unit：ton

地 区 Region		合 计 Total	天 津 Tianjin	河 北 Hebei	辽 宁 Liaoning	江 苏 Jiangsu	山 东 Shandong
氯化钾 Potassium Chloride	1999	**34 017**	13 196	7 123	6 565	7 133	
	2000	**35 056**	18 565	7 012	3 197	6 282	
	2001	**39 621**	18 747	9 680	4 445	6 749	
工业溴 Industrial Bromine	1999	**56 622**	2 546	3 244	787	516	49 529
	2000	**55 931**	3 303	4 669	673	473	46 813
	2001	**67 174**	3 116	4 723	720	473	58 142
无水硫酸钠 Anhydrous Sodium Sulphate	1999	**14 233**			3 492		10 741
	2000	**9 297**			7 051		2 246
	2001	**5 235**			5 235		
氯化镁 Magnesium Chloride	1999	**361 894***	122 204	70 370	52 107	64 781	52 422
	2000	**356 647**	165 109	54 678	23 201	60 615	53 044
	2001	**403 319**	199 732	64 425	32 871	59 468	46 823
硫酸钾 Potassium Sulphate	2001	**13 801**					13 801

注：*其中含有广东10吨。

Note: *This datum includes 10 tons of Guangdong Province.

5-3 海盐工业总产值、增加值及利税总额

Gross Output Value, Added Value and Total Pre-Tax Profits of Sea Salt Industry

单位：万元 Unit：10 000 yuan

地　区 Region	1999		
	工业总产值 Gross Output Value of Industry	工业增加值 Added Value of Industry	利税总额 Total Pre-Tax Profits
合　计 Total	**826 946**	**435 830**	**120 982**
天　津 Tianjin	50 181	38 994	8 711
河　北 Hebei	71 234	46 089	19 012
辽　宁 Liaoning	45 597	21 128	5 148
江　苏 Jiangsu	68 833	38 696	8 470
浙　江 Zhejiang	8 917	2 788	1 759
福　建 Fujian	6 091	4 932	859
山　东 Shandong*	559 069	273 699	74 519
广　东 Guangdong	8 657	5 179	1 295
广　西 Guangxi	4 576	3 015	988
海　南 Hainan	3 791	1 300	221

续表 continued

地 区 Region	2000		
	工业总产值 Gross Output Value of Industry	工业增加值 Added Value of Industry	利税总额 Total Pre-Tax Profits
合 计 Total	**473 540**	**218 763**	**71 031**
天 津 Tianjin	45 464	39 176	8 772
河 北 Hebei	80 738	52 512	22 550
辽 宁 Liaoning	44 143	18 902	1 556
江 苏 Jiangsu	68 405	42 570	13 788
浙 江 Zhejiang	12 397	6 955	1 702
福 建 Fujian	6 493	5 601	1 024
山 东 Shandong*	200 136	44 869	18 851
广 东 Guangdong	7 749	4 272	1 288
广 西 Guangxi	4 176	2 674	1 189
海 南 Hainan	3 839	1 232	311

续表 continued

地 区 Region	2001		
	工业总产值 Gross Output Value of Industry	工业增加值 Added Value of Industry	利税总额 Total Pre-Tax Profits
合 计 Total	**478 947**	**184 180**	**66 810**
天 津 Tianjin	48 967	37 100	7 971
河 北 Hebei	79 499	53 264	15 249
辽 宁 Liaoning	45 052	21 886	6 840
江 苏 Jiangsu	80 448	37 545	11 504
浙 江 Zhejiang	11 595	6 649	2 058
福 建 Fujian	7 742	5 250	1 097
山 东 Shandong*	194 329	16 549	19 057
广 东 Guangdong	5 823	3 359	1 868
广 西 Guangxi	1 684	948	412
海 南 Hainan	3 808	1 630	754

注：*山东省资料中包含潍坊海洋化工集团的数据。

Note: *The data of Shandong Province include the data of the Weifang Marine Chemical Industry Group.

5-4 沿海地区制盐
Survey of Sea Salt Industry

地　区 Region	盐田总面积 （公顷） Total Area of Salt Pan (hm^2)	生产面积 （公顷） Production Area (hm^2)	海盐产量 （万吨） Output of Sea Salt (10 000 tons)
合　计 Total	**426 770**	**339 305**	**2 221.3**
天　津 Tianjin	**37 738**	**36 182**	**251.9**
河　北 Hebei	**82 444**	**79 010**	**467.8**
唐　山 Tangshan	47 559	45 730	291.0
沧　州 Cangzhou	34 885	33 280	176.8
辽　宁 Liaoning	**57 766**	**53 060**	**252.8**
大　连 Dalian	30 303	27 649	151.0
营　口 Yingkou	20 620	19 054	82.0
锦　州 Jinzhou	5 516	5 368	19.0
丹　东 Dandong	1 327	989	0.8
江　苏 Jiangsu	**83 607**	**49 492**	**205.2**
南　通 Nantong	3 532	1 381	6.4
盐　城 Yancheng	42 190	19 802	96.8
连云港 Lianyungang	37 885	28 309	102.0
浙　江 Zhejiang	**10 814**	**8 760**	**47.8**
福　建 Fujian	**12 134**	**8 965**	**47.00**

工业生产情况（2001年）

by Coastal Regions, 2001

工业总产值（万元）Gross Output Value of Industry (10 000 yuan)	利税总额（万元）Total Pre-Tax Profits (10 000 yuan)	年末职工人数（人）Year-End Number of Staff and Workers (person)	年末海盐生产能力（万吨）Year-End Capacity of Sea Salt Production (10 000 tons)
909 890.9	**128 258.6**	**176 735**	**2 710.4**
48 967.2	**5 476.6**	**12 526**	**213.1**
66 441.0	**6 561.8**	**20 722**	**486.8**
51 187.0	4 903.9	16 416	302.4
15 254.0	1 657.9	4 306	184.4
45 052.0	**5 003.0**	**11 982**	**294.9**
24 688.0	1 949.0	7 159	175.0
15 675.0	1 947.0	3 595	80.0
4 560.0	1 046.0	1 088	38.7
129.0	61.0	140	1.2
57 050.2	**6 695.0**	**30 546**	**239.1**
5 686.0	814.0	1 709	6.1
22 620.2	2 879.0	14 417	111.0
28 744.0	3 006.0	14 420	122.0
13 685.0	**2 367.0**	**7 939**	**41.9**
11 368.0		**14 257**	**75.3**

续表 continued

地 区 Region	盐田总面积（公顷） Total Area of Salt Pan (hm^2)	生产面积（公顷） Production Area (hm^2)	海盐产量（万吨） Output of Sea Salt (10 000 tons)
山 东 Shandong	**122 066**	**90 105**	**916.9**
潍 坊 Weifang	55 102	35 982	659.0
青 岛 Qingdao	10 627	8 115	43.0
日 照 Rizhao	713	545	2.1
东 营 Dongying	6 574	5 567	24.3
烟 台 Yantai	6 045	5 173	50.3
威 海 Weihai	4 174	2 262	13.5
滨 州 Binzhou	38 831	32 461	124.4
广 东 Guangdong	**11 361**	**7 102**	**13.1**
汕 头 Shantou	717	482	1.9
汕 尾 Shanwei	1 677	1 228	2.0
惠 州 Huizhou	864	623	0.1
阳 江 Yangjiang	847	374	0.8
湛 江 Zhanjiang	4 342	2 581	4.8
茂 名 Maoming	2 221	1 330	2.7
潮 州 Chaozhou	125	96	0.4
江 门 Jiangmen	314	159	0.3
揭 阳 Jieyang	254	229	0.1
广 西 Guangxi	**4 730**	**2 602**	**5.0**
钦 州 Qinzhou	749	375	0.2
防城港 Fangchenggang	1 385	837	0.8
北 海 Beihai	2 596	1 390	4.0
海 南 Hainan	**4 110**	**4 027**	**13.8**
三 亚 Sanya	157	157	0.4
陵 水 Lingshui	152	128	0.2
乐 东 Ledong	3 136	3 136	9.9
东 方 Dongfang	422	370	2.5
儋 州 Danzhou	133	133	0.6
临 高 Lingao	110	103	0.2

工业总产值（万元）Gross Output Value of Industry (10 000 yuan)	利税总额（万元）Total Pre-Tax Profits (10 000 yuan)	年末职工人数（人）Year-End Number of Staff and Workers (person)	年末海盐生产能力（万吨）Year-End Capacity of Sea Salt Production (10 000 tons)
656 324.9	**100 865.6**	**61 759**	**1 290.8**
380 519.0	60 341.0	31 728	879.0
186 017.9	20 197.5	15 057	49.6
29 418.0	3 296.0	3 117	3.0
8 266.0	786.1	1 346	48.5
22 502.0	5 058.0	4 333	76.9
2 760.0	512.0	1 517	11.8
26 842.0	10 675.0	4 661	222.0
5 160.8	**1 950.5**	**10 174**	**24.0**
698.6	238.8	3 594	2.1
699.7	154.3	1 594	2.7
264.0			0.1
286.2	83.6	487	1.5
1 810.6	1 083.5	2 003	11.5
935.0	243.5	1 430	4.6
139.6	91.9	600	0.6
313.0	54.9	115	0.5
14.1		351	0.4
1 684.1	**-944.8**	**3 094**	**14.2**
73.0	-63.3	409	1.2
259.1	-1 026.9	833	2.5
1 352.0	145.4	1 852	10.5
4 157.7	**283.9**	**3 736**	**30.3**
130.2	69.5	626	0.8
55.0	3.6	124	0.3
2 690.0	98.0	1 646	25.0
1 017.0	100.0	758	3.2
198.0		352	0.5
67.5	12.8	230	0.5

注：本表数据来自沿海地区的海洋管理部门。

Note: Data of the table come from the local oceanic administration.

六 海 洋 化 工

MARINE CHEMICAL

6-1 沿海地区海洋化工产业生产情况（2001年）
Gross Output Value of Marine Chemical Industry by Coastal Regions, 2001

地 区 Region	总产值（亿元） Output Value (100 million yuan)	增加值（亿元） Added Value (100 million yuan)	职工人数（人） Staff and Workers (person)
全国总计 Natioal Total	**76.27**	**25.62**	
天 津 Tianjin	38.33	10.11	17 400
河 北 Hebei	18.10	9.02	
山 东 Shandong	4.78	1.19	
江 苏 Jiangsu	15.06	5.30	

七 海洋生物制药和保健品

MARINE BIOLOGICAL PHARMACEUTICAL AND HEALTH PRODUCTS

7-1 沿海地区海洋生物制药和保健品业生产情况（2001年）

Gross Output Value of Marine Biological Pharmacuatical Industry and Health Products Industry by Coastal Regions, 2001

地 区 Region	总产值（亿元） Output Value (100 million yuan)	增加值（亿元） Added Value (100 million yuan)	职工人数(人) Staff and workers (person)
全国总计 National Total	**20.87**	**6.63**	
江 苏 Jiangsu	4.30	1.51	8 244
浙 江 Zhejiang	8.16	2.16	
山 东 Shandong	0.98	0.14	
福 建 Fujian	6.20	2.52	
广 东 Guangdong	1.23	0.30	

八 海洋电力和海水利用

MARINE ELECTRIC POWER AND SEAWATER UTILIZATION

8-1 沿海地区海洋电力业生产情况（2001年）

Gross Output Value of Marine Electric Power Industry by Coastal Regions, 2001

地 区 Region	总产值（亿元） Output Value (100 million yuan)	增加值（亿元） Added Value (100 million yuan)	职工人数(人) Staff and Workers (person)
全国总计 National Total	**421.32**	**230.43**	**18 649**
河 北 Hebei	15.03	9.24	1 589
山 东 Shandong	45.08	19.96	3 816
浙 江 Zhejiang	0.34	0.32	
广 东 Guangdong	360.87	200.91	13 244

九沿海造船

COASTAL SHIPBUILDING

9-1 沿海造船业生产完成情况及职工人数（2001年）
Production and Staff &Workers in the Coastal Shipbuilding Industry, 2001

部门和地区 Sector and Region	修船完工量 （艘） Ships Repaired (number)	造船完工量 Ships Built		年末职工人数（人） Year-End Number of Staff and Workers (person)
		艘 number	万综合吨 Comprehensive Tonnages (10^4tons)	
总 计 Total	**30 972**	**1 623**	**349.73**	**119 810**
中船工业集团公司 CSSC	378	72	199.56	45 528
中船重工集团公司 CSIC	240	43	88.64	25 511
按地区分: By Regions:				
天 津 Tianjin	120	9	1.50	4 677
河 北 Hebei				2 838
辽 宁 Liaoning	22	15	77.11	20 645
上 海 Shanghai	1 478	59	176.99	38 481
江 苏 Jiangsu	1 100	25	0.08	3 782
浙 江 Zhejiang	13 169	623	25.66	
福 建 Fujian	1 493	57	13.01	11 483
山 东 Shandong	8 394	670	25.89	17 365
广 东 Guangdong	5 121	165	27.82	20 338
广 西 Guangxi				
海 南 Hainan	75		1.67	201

注：总计值取自沿海地区的海洋主管部门。

Note: The data on the total come from the local oceanic administration.

9-2 沿海造船工业总产值和增加值
Gross Output Value and Added Value of Shipbuilding Industry in Coastal Regions

单位：亿元　Unit：100 million yuan

部门和地区 Sector and Region	1999		2000		2001	
	工业总产值 Gross Output Value of Industry	工业增加值 Added Value of Industry	工业总产值 Gross Output Value of Industry	工业增加值 Added Value of Industry	工业总产值 Gross Output Value of Industry	工业增加值 Added Value of Industry
总　计 Total	**249.03**	**54.38**	**223.97**	**52.46**	**292.72**	**73.63**
中船工业集团公司 CSSC	116.00	22.88	120.30	27.44	119.62	22.53
中船重工集团公司 CSIC	59.13	12.48	70.58	17.08	68.14	16.69
按地区分: By Regions:						
天　津 Tianjin	2.54	…	2.33	-0.39	3.95	0.67
河　北 Hebei	3.45	0.16	2.71	0.83	4.00	0.77
辽　宁 Liaoning	51.79	11.58	47.23	11.71	60.34	16.42
上　海 Shanghai	87.56	22.70	74.53	21.07	77.01	19.85
江　苏 Jiangsu	11.27	3.81	9.71	3.12	13.11	3.64
浙　江 Zhejiang	14.75		21.40	2.23	37.14	9.66
福　建 Fujian	17.56	2.93	…	…	23.47	7.06
山　东 Shandong	24.19	6.03	26.08	5.89	35.39	8.44
广　东 Guangdong	35.92	7.17	39.80	7.91	38.25	7.10
海　南 Hainan			0.18	0.09	0.06	0.02

十 海洋工程建筑

MARINE ENGINEERING ARCHITECTURE

10-1 沿海地区海洋工程建筑业生产情况（2001年）

Gross Output Value of Marine Engineering Architecture Industry by Coastal Regions, 2001

地 区 Region	总产值（亿元） Output Value (100 million yuan)	增加值（亿元） Added Value (100 million yuan)	职工人数(人) Staff and workers (person)
全国总计 **National Total**	**17.81**	**6.36**	
山 东 Shandong	2.07	0.84	1 830
浙 江 Zhejiang	1.44	0.49	
福 建 Fujian	14.30	5.03	

十一 海洋交通运输

MARITIME TRANSPORTATION

11-1 海洋货物运输量

Seaborne Freight Traffic

单位：万吨 Unit:10 000 tons

地 区 Region	1999 货运量 Tons	1999 远 洋 Oceangoing	2000 货运量 Tons	2000 远 洋 Oceangoing	2001 货运量 Tons	2001 远 洋 Oceangoing
全国总计 National Total	**47 714**	**22 621**	**53 653**	**22 949**	**60 470**	**27 573**
天 津 Tianjin	3 833	3 687	4 103	3 930	4 802	4 369
河 北 Hebei	504	143	572	227	945	442
辽 宁 Liaoning	2 469	1 098	3 015	1 306	2 648	1 495
上 海 Shanghai	13 335	5 853	14 236	3 415	17 616	6 632
江 苏 Jiangsu	1 551	469	1 627	491	1 553	535
浙 江 Zhejiang	4 687	172	5 602	233	6 680	311
福 建 Fujian	3 313	1 114	3 364	970	3 741	917
山 东 Shandong	3 001	1 998	3 746	2 781	4 615	3 314
广 东 Guangdong	9 788	4 350	11 260	5 334	11 338	4 975
广 西 Guangxi	188	92	215	114	241	109
海 南 Hainan	1 270		1 906	283	1 920	262
其 他 Others	3 775	3 645	4 007	3 865	4 371	4 212

11-2 海洋货物周转量

Seaborne Freight Ton-Kilometers

单位：亿吨公里 Unit：100 million ton-km

地 区 Region	1999 周转量 Ton-Km	1999 远洋 Oceangoing	2000 周转量 Ton-Km	2000 远洋 Oceangoing	2001 周转量 Ton-Km	2001 远洋 Oceangoing
全国总计 National Total	**19 843.7**	**17 014.4**	**22 183.0**	**17 072.6**	**24 451.9**	**20 873.0**
天 津 Tianjin	4 496.7	4 478.2	4 306.5	4 290.0	4 819.7	4 745.7
河 北 Hebei	180.8	132.8	268.0	219.6	512.7	449.3
辽 宁 Liaoning	452.7	322.0	572.3	446.6	607.8	507.0
上 海 Shanghai	5 275.5	4 336.9	6 038.4	3 085.9	6 571.7	5 283.2
江 苏 Jiangsu	267.1	156.0	283.2	165.4	268.6	172.6
浙 江 Zhejiang	458.8	53.7	616.0	121.0	744.2	138.9
福 建 Fujian	548.1	316.8	578.7	338.4	629.2	320.4
山 东 Shandong	1 624.1	1 565.4	2 791.3	2 715.8	3 370.3	3 303.2
广 东 Guangdong	2 024.2	1 295.5	2 181.2	1 379.7	2 259.3	1 478.6
广 西 Guangxi	17.3	14.7	10.5	7.5	10.8	6.2
海 南 Hainan	139.5		269.0	52.5	205.9	35.4
其 他 Others	4 358.9	4 342.3	4 267.9	4 250.3	4 451.7	4 432.5

11-3 海洋国际标准集装箱运量

Seaborne Volume of International Standardized Containers Traffic

单位：万 TEU, 万吨

Unit：10 000 TEU,10 000 tons

地 区 Region	1999		2000		2001	
	箱 数 Containers	重 量 Weight	箱 数 Containers	重 量 Weight	箱 数 Containers	重 量 Weight
全国总计 National Total	**758.6**	**7 187.8**	**967.9**	**8 933.2**	**1 057.2**	**10 910.1**
河 北 Hebei	1.2	8.8	0.5	6.6	0.5	5.4
辽 宁 Liaoning	1.1	16.1	1.7	15.3	2.3	22.7
上 海 Shanghai	375.0	4 097.0	560.3	5 513.7	598.2	6 814.7
江 苏 Jiangsu	26.0	249.9	24.5	214.6	31.4	285.9
浙 江 Zhejiang	17.6	96.5	11.8	122.8	20.1	189.1
福 建 Fujian	45.3	480.2	51.3	550.6	52.8	490.4
山 东 Shandong	27.2	225.2	27.6	281.1	45.5	433.9
广 东 Guangdong	251.4	1 873.3	282.7	2 144.7	276.0	2 320.5
广 西 Guangxi	2.0	14.8	2.3	20.0	3.1	30.7
海 南 Hainan	8.2	77.0	0.3	3.6	8.0	115.3
其 他 Others	3.7	49.0	4.9	60.2	19.3	201.5

注：本表数据包含内河集装箱运量数。

Note: The data in this table include the freight volume of container in the inland rivers.

11-4 海洋国内集装箱运量

Maritime Freight Volume of Domestic Standardized Containers

单位：自然箱，吨

Unit：natural container, ton

地区 Region	1999		2000		2001	
	箱数 Containers	重量 Weight	箱数 Containers	重量 Weight	箱数 Containers	重量 Weight
全国总计 National Total	**46 858**	**114 296**	**10 794**	**46 660**	**69 936**	**817 902**
河北 Hebei						
辽宁 Liaoning	9 544	30 027	10 591	40 673		
上海 Shanghai	12 205	26 973				
江苏 Jiangsu	2 475	7 425			69 936	817 902
浙江 Zhejiang						
福建 Fujian						
山东 Shandong						
广东 Guangdong			203	5 987		
广西 Guangxi						
海南 Hainan						
其他 Others	22 634	49 871				

注：本表数据包含内河集装箱运量数。

Note: The data in this table include the freight volume of container in the inland rivers.

11-5 海洋旅客运输量

Seaborne Passenger Transport Volume

单位：万人次，亿人公里

Unit：10 000persons, 100 million passenger-km

地区 Region	1999		2000		2001	
	客运量 Passenger Traffic	旅客周转量 Passenger kilometers	客运量 Passenger Traffic	旅客周转量 Passenger kilometers	客运量 Passenger Traffic	旅客周转量 Passenger kilometers
全国总计 National Total	**5 090**	**34.8**	**6 380**	**37.1**	**6 207**	**35.9**
辽宁 Liaoning	595	11.9	616	10.7	602	8.4
上海 Shanghai	42	0.6	913	4.1	947	4.5
浙江 Zhejiang	1 820	7.1	1 869	7.0	1 748	6.5
福建 Fujian	416	0.6	510	0.8	286	0.4
山东 Shandong	863	4.1	822	3.3	987	4.8
广东 Guangdong	1 090	8.0	1 137	8.0	1 182	8.1
广西 Guangxi	34	0.5	36	0.6	46	0.7
海南 Hainan	230	1.8	477	2.6	409	2.5

11-6 沿海主要港口货物吞吐量
Cargo Handled at Principal Seaports

单位：万吨 Unit:10 000 tons

港口 Seaport		1999 货物吞吐量 Cargo Handled	1999 #外贸 Foreign Trade	2000 货物吞吐量 Cargo Handled	2000 #外贸 Foreign Trade	2001 货物吞吐量 Cargo Handled	2001 #外贸 Foreign Trade
总 计	**Total**	**105 162**	**38 837**	**125 603**	**52 343**	**142 634**	**59 978**
丹 东	Dandong	375	140	486	189	542	169
大 连	Dalian	8 505	2 412	9 084	3 371	10 047	3 076
旅顺新港	Lushunxingang	525	1	561	1	420	5
营 口	Yingkou	1 945	749	2 268	987	2 520	992
锦 州	Jinzhou	723	308	1 006	469	1 110	466
秦皇岛	Qinhuangdao	8 261	2 484	9 743	3 851	11 302	4 966
黄 骅	Huanghua	56		74		56	
天 津	Tianjin	7 298	3 859	9 566	5 135	11 369	6 172
京 唐	Jingtang	651	107	902	189	1 102	247
龙 口	Longkou	483	47	560	73	743	124
蓬 莱	Penglai	428	1	525	5	529	5
烟 台	Yantai	1 646	623	1 774	806	2 190	1 105
威 海	Weihai	664	161	669	193	727	265
青 岛	Qingdao	7 257	3 716	8 636	5 764	10 398	7 012
日 照	Rizhao	2 003	1 151	2 674	1 395	2 933	1 705
岚 山	Lanshan	212	108	447	150	573	146
连云港	Lianyungang	2 017	997	2 708	1 454	3 058	1 877
射 阳	Sheyang	255	8	251	8	284	
上 海	Shanghai	18 641	6 285	20 440	7 633	22 099	8 653
乍 浦	Zhapu	243	39	802	102	1 019	107
宁 波	Ningbo	9 660	3 851	11 547	5 193	12 852	5 475
舟 山	Zhoushan	2 082	424	3 189	883	3 281	599
台 州	Taizhou	809	61	950	87	1 024	107
温 州	Wenzhou	711	109	859	104	1 314	156
福 州	Fuzhou	1 481	510	2 426	933	2 961	1 051

续表 continued

港口 Seaport		1999 货物吞吐量 Cargo Handled	#外贸 Foreign Trade	2000 货物吞吐量 Cargo Handled	#外贸 Foreign Trade	2001 货物吞吐量 Cargo Handled	#外贸 Foreign Trade
湄州湾	Meizhouwan	136	20	201	36	321	98
泉　州	Quanzhou	1 521	431	1 712	560	2 102	597
厦　门	Xiamen	1 773	983	1 965	1 169	2 099	1 405
漳　州	Zhangzhou	192	37	419	57	534	77
汕　头	Shantou	1 191	277	1 284	254	1 309	259
汕　尾	Shanwei	18	6	15	5	3	1
深　圳	Shenzhen	4 663	2 356	5 697	3 007	6 643	3 556
太　平	Taiping	212	167	1 072	223	962	169
广　州	Guangzhou	10 157	2 709	11 128	3 108	12 823	3 496
中　山	Zhongshan	587	337	635	347	640	381
珠　海	Zhuhai	960	385	1 239	471	1 982	1 077
江　门	Jiangmen	276	156	335	188	387	195
惠　州	Huizhou	657	607	791	762	816	776
阳　江	Yangjiang	20	8	26	6	66	8
新　会	Xinhui	159	35	189	49	169	54
茂　名	Maoming	728	338	1 008	861	1 122	840
湛　江	Zhanjiang	1 751	931	2 038	1 215	2 205	1 348
海　安	Haian	510		634		634	
北　海	Beihai	253	105	265	105	252	96
钦　州	Qinzhou	102	19	100	20	181	38
防　城	Fangcheng	808	706	923	832	1 003	924
洋　浦	Yangpu	42	12	46	11	60	9
海口新港	Haikouxingang	431	8	500	10	564	11
海　口	Haikou	674	43	808	44	888	52
八　所	Basuo	380	9	378	28	342	31
三　亚	Sanya	27	2	48	3	71	2

11-7 沿海主要港口分货类吞吐量（2001年）

Cargo Handled at Principal Seaports by Type of Cargo, 2001

单位：万吨 Unit:10 000 tons

货 类 Type of Cargo	货物吞吐量 Cargo Handled	#进 口 Incoming	#出 口 Outbound	其中外贸合计 Foreign Trade
总 计 Total	**142 634**	**73 440**	**69 194**	**59 978**
煤炭及制品 Coal & Products	37 203	13 067	24 136	10 004
石油、天然气及制品 Oil, Nutural Gas & Products	24 407	14 296	10 111	9 764
内：原油 Crude Oil	12 767	9 139	3 629	6 555
金属矿石 Metal Ore	14 606	11 043	3 563	9 352
钢铁 Iron & Steel	5 152	3 139	2 013	2 150
矿物性建筑材料 Ore Building Materials	9 657	5 837	3 820	1 687
水泥 Cement	1 197	768	430	457
木材 Wood	1 064	645	419	594
非金属矿石 Non-Metal Ore	2 561	874	1 687	1 393
化学肥料及农药 Chemical Fertilizer & Agricultural Chemical	1 718	1 177	541	1 259
盐 Salt	562	314	248	62
粮食 Grain	5 340	3 033	2 308	2 225
机械、设备、电器 Machinery,Equipment,Electrical Equipment	5 296	2 660	2 636	2 340
化工原料及制品 Industrial Chemicals & Products	2 446	1 491	954	1 726
有色金属 Nonferrous Metal	514	361	153	468
轻工、医药产品 Products of Light Industry & Medicine	4 011	1 869	2 142	2 802
农、林、牧、渔业产品 Products of Agriculture,Forestry,Animal Husbandry & Fishing	2 013	1 049	964	712
其他 Others	24 889	11 820	13 070	12 984

注：进口、出口为进、出港口货物吞吐量的简称。

Note: Incoming and Outbound are the abbreviated forms of cargo handled at incoming and outbound harbors.

11-8 分地区沿海主要港口国际标准集装箱吞吐量

International Standardized Containers Handled at Principal Seaports by Regions

单位: 万TEU,万吨

Unit: 10 000TEU,10 000 tons

地区 Region	1999		2000		2001	
	箱数 Containers	重量 Weight	箱数 Containers	重量 Weight	箱数 Containers	重量 Weight
总计 Total	**1 559.6**	**14 930.6**	**2 061.1**	**18 576.0**	**2 470.0**	**22 828.6**
天津 Tianjin	130.2	1 460.1	170.8	1 913.4	201.1	2 342.5
河北 Hebei	1.9	19.4	2.0	25.3	2.3	27.5
辽宁 Liaoning	87.1	883.5	121.9	1 203.6	149.0	1 482.6
上海 Shanghai	421.6	3 948.5	561.2	5 169.6	634.0	5 911.4
江苏 Jiangsu	11.3	116.6	12.1	130.2	15.6	168.0
浙江 Zhejiang	66.2	652.1	101.9	915.2	137.0	1 230.3
福建 Fujian	126.8	1 130.7	166.7	1 481.8	196.8	1 857.7
山东 Shandong	171.8	1 530.0	237.3	2 246.9	291.9	2 843.1
广东 Guangdong	536.8	5 118.7	678.0	5 371.2	829.9	6 814.0
广西 Guangxi	1.2	11.0	2.5	24.4	3.1	35.3
海南 Hainan	4.8	60.1	6.6	94.4	9.3	116.2

11-9 分地区沿海主要港口国内集装箱吞吐量
Domestic Standardized Containers Handled at Principal Seaports by Regions

单位: 万自然箱，万吨

地 区 Region	1999		2000		2001	
	箱 数 Containers	重 量 Weight	箱 数 Containers	重 量 Weight	箱 数 Containers	重 量 Weight
总 计 Total	**2.1**	**8.7**	**2.3**	**9.8**	**1.3**	**6.9**
天 津 Tianjin	0.4	1.9	0.3	1.4	0.2	0.9
河 北 Hebei	0.1	1.6				
辽 宁 Liaoning			…	…		
上 海 Shanghai	1.5	4.9	1.3	5.3	0.5	1.6
浙 江 Zhejiang						
福 建 Fujian						
山 东 Shandong	0.1	0.3			0.6	3.8
广 东 Guangdong						0.6
海 南 Hainan			0.7	3.1		

注：本表数据来自沿海海洋管理部门。

Note: The data in this table come from local oceanic administrations.

11-10 沿海主要港口旅客吞吐量

Passengers Leaving and Arriving at Principal Seaports

单位：万人次 Unit:10 000 Persons

港口	Seaport	1999	2000	2001
总计	**Total**	**6 401**	**5 793**	**6 053**
丹东	Dandong	6	7	8
大连	Dalian	656	564	588
旅顺新港	Lushunxingang	37	36	25
天津	Tianjin	49	40	37
龙口	Longkou	12	8	8
蓬莱	Penglai	114	128	155
烟台	Yantai	459	398	401
威海	Weihai	104	95	95
青岛	Qingdao	8	7	4
上海	Shanghai	1 151	1 063	1 078
乍浦	Zhapu	1		
宁波	Ningbo	464	564	572
舟山	Zhoushan	1 354	619	670
台州	Taizhou	5	5	5
温州	Wenzhou	99	96	104
福州	Fuzhou	4	2	
厦门	Xiamen	31	29	32
漳州	Zhangzhou	85	88	193
汕头	Shantou	…	5	2
深圳	Shenzhen	268	249	252
太平	Taiping	24	15	16
广州	Guangzhou	32	15	11
中山	Zhongshan	86	85	83
珠海	Zhuhai	385	450	463
江门	Jiangmen	30	26	27
茂名	Maoming		…	
惠州	Huizhou	…		
湛江	Zhanjiang	42	30	24
海安	Hai'an	415	556	556
北海	Beihai	48	52	52
海口新港	Haikouxingang	291	386	378
海口	Haikou	142	163	205
三亚	Sanya	…	11	9

11-11 分地区沿海港口客货吞吐量（2001年）
Passengers Leaving and Arriving and Cargo Handled at Seaports by Regions,2001

单位：万吨，万人次

Unit：10 000 tons，10 000 Persons

地　区 Region	货物吞吐量 Cargo Handled	#外　贸 Foreign Trade	旅客吞吐量 Passenger Leaving & Arriving	#离　港 Leaving
总　计　Total	**137 423.6**	**51 316.1**	**7 263.9**	**2 650.9**
天　津　Tianjin	11 369.0	6 171.9	37.1	17.7
河　北　Hebei	12 527.7		2.8	2.8
辽　宁　Liaoning	14 687.0	4 720.0	706.0	417.0
上　海　Shanghai	22 099.0	8 653.0	1 109.2	558.6
江　苏　Jiangsu	7 234.0	2 463.0		
浙　江　Zhejiang	20 558.0	6 444.0	2 194.0	
福　建　Fujian	8 278.4	3 296.4	225.7	113.9
山　东　Shandong	19 637.8	10 809.6	784.5	397.5
广　东　Guangdong	17 190.0	8 470.0	1 540.0	776.0
广　西　Guangxi	1 827.2	157.8	67.4	67.4
海　南　Hainan	2 015.5	130.4	597.2	300.0

注：本表数据主要来自沿海海洋管理部门，统计范围为吞吐量10 000吨(含10 000吨)以上港口。

Note: Data of the table come from local oceanic administrations,including seaports≥10 000 tons (cargo handled).

11-12 沿海对外开放一类水运口岸*
The First Class Open Seaports in Coastal Region

地 区 Region	数量(个) Number of Seaports	港 口 名 称 Name of Seaports
总 计 Total	**73**	
天 津 Tianjin	2	天津 Tianjin 渤中原油海面交货点 Delivery Point of Crude Oil in the Central Part of Bohai Sea
河 北 Hebei	2	秦皇岛 Qinhuangdao 唐山 Tangshan
辽 宁 Liaoning	5	大连 Dalian 营口 Yingkou 丹东 Dandong 锦州 Jinzhou 葫芦岛 Huludao
上 海 Shanghai	1	上海 Shanghai
江 苏 Jiangsu	1	连云港 Lianyungang
浙 江 Zhejiang	9	温州 Wenzhou 宁波 Ningbo 舟山 Zhoushan 黄兴岛 Huangxingdao 海门 Haimen 绿华岛 Luhuadao 大陈岛 Dachendao 乍浦 Zhapu 洞头外轮海面交货点 Delivery Point of Foreignship in Dongtou
福 建 Fujian	8	福州 Fuzhou 厦门 Xiamen 泉州 Quanzhou 东山 Dongshan 城澳 Cheng'ao 松下 Songxia 肖厝 Xiaocuo 秀屿 Xiuyu
山 东 Shandong	11	青岛 Qingdao 烟台 Yantai 威海 Weihai 龙口 Longkou 日照 Rizhao 石岛 Shidao 岚山 Lanshan 东营 Dongying 蓬莱 Penglai 莱州 Laizhou 龙眼 Longyan
广 东 Guangdong	23	广州 Guangzhou 湛江 Zhanjiang 汕头 Shantou 汕尾 Shanwei 九洲 Jiuzhou 广海 Guanghai 惠州 Huizhou 东角头 Dongjiaotou 蛇口 Shekou 赤湾 Chiwan 妈湾 Mawan 盐田 Yantian 水东 Shuidong 阳江 Yangjiang 南澳 Nan'ao 珠海 Zhuhai 潮州 Chaozhou 万山 Wanshan 潮阳 Chaoyang 大亚湾专用口岸 Special Port of Daya Bay 湾仔轮渡口岸 Steam Ferry Port of Wanzai 梅沙旅游口岸 Tourism Port of Meisha 西冲 Xichong
广 西 Guangxi	6	防城港 Fangchenggang 北海 Beihai 钦州 Qinzhou 江山 Jiangshan 企沙 Qisha 石头埠 Shitoubu
海 南 Hainan	5	海口 Haikou 三亚 Sanya 八所 Basuo 洋浦 Yangpu 清澜 Qinglan

注：*系指由国务院批准开放的口岸（包括中央管理的口岸和由省、市、自治区管理的部分口岸），本表资料截至2001年12月31日。

Note: *It refers to open seaports under the administration of central government and provincial municipal and autonomous regional governments (as of Dec.31,2001).

11-13 沿海主要港口生产用码头泊位（截至2001年底）
Berths for Productive Use at Principal Seaports (by the End of 2001)

单位：米，个 Unit：m, number

港口 Seaport		码头长度 Length of Quay Line	泊位个数 Number of Berths	#万吨级 10 000 Tonnage Class
总计	**Total**	**189 741**	**1 443**	**527**
丹东	Dandong	1 354	9	4
大连	Dalian	14 372	73	39
旅顺	Lushun	618	6	1
营口	Yingkou	4 924	27	16
锦州	Jinzhou	2 083	9	8
秦皇岛	Qinhuangdao	6 694	29	26
黄骅	Huanghua	422	4	
京唐	Jingtang	2 332	11	11
天津	Tianjin	12 631	66	50
龙口	Longkou	2 604	19	7
蓬莱	Penglai	1 142	12	1
烟台	Yantai	5 777	33	19
威海	Weihai	1 555	12	4
青岛	Qingdao	10 147	43	32
日照	Rizhao	3 198	18	10
岚山	Lanshan	971	6	3
连云港	Lianyungang	5 803	30	25
射阳	Sheyang	837	18	1
上海	Shanghai	18 913	133	71
乍浦	Zhapu	592	14	1
宁波	Ningbo	6 050	40	19
舟山	Zhoushan	2 581	47	2
台州	Taizhou	766	10	
温州	Wenzhou	1 797	18	4
福州	Fuzhou	4 660	49	11

续表 continued

港口 Seaport		码头长度 Length of Quay Line	泊位个数 Number of Berths	#万吨级 10 000 Tonnage Class
湄州湾	Meizhou Bay	1 701	21	2
泉　州	Quanzhou	7 632	57	4
厦　门	Xiamen	4 030	42	12
漳　州	Zhangzhou	1 517	23	
汕　头	Shantou	5 976	60	8
汕　尾	Shanwei	470	2	
惠　州	Huizhou	2 552	21	6
深　圳	Shenzhen	14 564	100	33
太　平	Taiping	2 045	17	4
广　州	Guangzhou	10 990	99	32
新　会	Xinhui	654	10	
中　山	Zhongshan	979	18	
珠　海	Zhuhai	6 617	89	8
江　门	Jiangmen	882	21	
阳　江	Yangjiang	308	2	1
茂　名	Maoming	399	4	1
湛　江	Zhanjiang	5 587	31	24
海　安	Hai'an	418	11	
北　海	Beihai	1 134	9	4
钦　州	Qinzhou	360	2	2
防　城	Fangcheng	3 171	22	11
海口新港	Haikouxingang	755	16	
洋　浦	Yangpu	444	2	2
海　口	Haikou	1 719	15	2
八　所	Basuo	1 412	8	6
三　亚	Sanya	602	5	

11-14 海洋运输船
Maritime Transport

地区 Region	艘数(艘) Number of Vessels		净载重量(吨) nwt (ton)	
	沿海 Coastal	远洋 Oceangoing	沿海 Coastal	远洋 Oceangoing
全国总计 National Total	**8 073**	**2 645**	**9 181 020**	**23 857 196**
天津 Tianjin	109	68	160 252	3 315 067
河北 Hebei	32	18	219 325	686 853
辽宁 Liaoning	595	129	313 296	1 074 070
上海 Shanghai	192	294	1 876 263	7 023 866
江苏 Jiangsu	368	42	709 429	548 388
浙江 Zhejiang	2 841	22	2 674 327	322 245
福建 Fujian	1 718	188	1 140 771	832 690
山东 Shandong	298	104	251 966	2 033 231
广东 Guangdong	1 078	1 438	1 245 104	2 852 305
广西 Guangxi	257	215	45 290	93 953
海南 Hainan	539	12	461 396	119 340
其他 Others	46	115	83 601	4 955 188

船拥有量（2001年）
Vessels，2001

载客量(客位) Passenger Spaces		标准箱位(TEU) Container Spaces(TEU)		功率(千瓦) Total Power(kW)	
沿 海 Coastal	远 洋 Oceangoing	沿 海 Coastal	远 洋 Oceangoing	沿 海 Coastal	远 洋 Oceangoing
126 979	**14 228**	**17 853**	**479 375**	**4 853 072**	**8 182 356**
				226 117	529 054
		200	200	83 691	160 263
18 141	4 408		4 460	333 313	364 397
2 514	1 341	832	398 045	723 308	3 662 860
			2 580	278 793	178 119
37 695		583	2 696	1 208 758	94 909
13 077		4 483	9 382	537 914	313 557
16 576		2 127	9 817	362 963	543 566
21 085	6 868	8 034	48 040	754 094	1 397 232
2 799	1 611		696	40 141	54 652
15 092		1 534	617	272 646	43 699
		60	2 842	31 334	840 048

11-15 海洋交通运输

Operating Income and Added

地 区 Region	1999		
	营运收入 Operating Income		
	合 计 Total	海 港 Seaport	海 运 Shipping
全国总计 National Total	**5 727 749**	**1 648 196**	**4 079 553**
天 津 Tianjin	361 137	62 344	298 793
河 北 Hebei	50 393	37 370	13 023
辽 宁 Liaoning	104 020	83 222	20 798
上 海 Shanghai	3 061 996	324 085	2 737 911
江 苏 Jiangsu	94 364	76 728	17 636
浙 江 Zhejiang	329 353	148 389①	180 964①
福 建 Fujian			
山 东 Shandong	476 524	267 166	209 358
广 东 Guangdong	1 214 753	617 976	596 777
广 西 Guangxi	35 209	30 915	4 294
海 南 Hainan			

营运收入及增加值

Value of Seaport and Shipping

单位：万元 Unit:10 000 yuan

增加值 Added Value	2000			
	营运收入 Operating Income			增加值 Added Value
	合计 Total	海港 Seaport	海运 Shipping	
2 520 210①	**7 173 997**	**2 100 711**	**5 073 286**	**3 228 299**①
	382 291	78 076	304 215	
	194 435	169 854	24 581	
	374 814	343 494	31 320	
	3 803 643	337 129	3 466 514	
	112 802	90 170	22 632	
	400 629	165 419	235 210	
	453 833	276 436	177 397	
	1 448 234	638 475	809 759	
	3 316	1 658	1 658	

续表 continued

地 区 Region	2001			
	营运收入 Operating Income			增加值 Added Value
	合计 Total	海港 Seaport	海运 Shipping	
全国总计 National Total	**7 889 282**[2]	**2 354 951**	**5 534 331**	**3 550 177**[1]
天 津 Tianjin	442 655	86 359	356 296	246 598
河 北 Hebei	240 984	206 300	34 684	
辽 宁 Liaoning	219 539	197 000	22 539	
上 海 Shanghai	3 839 820	387 475	3 452 345	503 378.8
江 苏 Jiangsu	29 445		29 445	27 304
浙 江 Zhejiang	182 992	121 484	61 508	
福 建 Fujian	206 860	124 952	81 908	
山 东 Shandong	752 002	343 224	408 778	
广 东 Guangdong	1 867 644	813 605	1 054 039	668 548
广 西 Guangxi	42 313	35 787	6 526	
海 南 Hainan	65 028	38 765	26 263	1 735

注：①为估算值。

②数据取自沿海地区的海洋主管部门。

Note: ①The data are estimated values.

②Data come from the local oceanic administration.

十二 沿海旅游

COASTAL TOURISM

12-1 沿海地区旅游收入（2001年）
Tourism Receipts by Coastal Regions, 2001

单位：亿元 Unit:100 million yuan

项目 Item	旅游收入 Tourism Receipt
合　计 Total	**2 503**
国际旅游 International Tourism	707
国内旅游 Domestic Tourism	1 796

12-2 主要沿海城市国际旅游外汇收入
International Tourism Receipts in Major Coastal Cities

单位：万美元 Unit:10 000 US$

城　市	City	1999	2000	2001
合　计	**Total**	**626 815**	**771 347**	**854 744**
天　津	**Tianjin**	**20 903**	**23 176**	**28 017**
河　北	**Hebei**	**6 723**	**7 144**	**7 488**
唐　山	Tangshan	1 223	1 029	1 169
秦皇岛	Qinhuangdao	5 474	6 096	6 235
沧　州	Cangzhou	26	19	84
辽　宁	**Liaoning**	**19 151**	**25 676**	**33 069**
大　连	Dalian	18 003	23 427	30 422
丹　东	Dandong	814	1 480	1 900
锦　州	Jinzhou	129	170	222
营　口	Yingkou	91	167	220
盘　锦	Panjin	55	73	88
葫芦岛	Huludao	59	359	217
上　海	**Shanghai**	**136 433**	**161 267**	**180 771**
江　苏	**Jiangsu**	**4 972**	**6 403**	**6 910**
南　通	Nantong	3 730	4 803	5 304
连云港	Lianyungang	506	791	931
盐　城	Yancheng	736	809	675
浙　江	**Zhejiang**	**35 222**	**44 269**	**55 416**
杭　州	Hangzhou	23 703	29 244	37 300
宁　波	Ningbo	4 449	5 588	7 125
温　州	Wenzhou	2 079	3 457	4 046

续表 continued

城市 City		1999	2000	2001
绍兴	Shaoxing	1 720	2 108	2 362
舟山	Zhoushan	2 466	2 970	3 364
台州	Taizhou	805	902	1 219
福建	**Fujian**	**66 687**	**83 899**	**88 439**
福州	Fuzhou	11 882	22 173	23 362
厦门	Xiamen	25 027	29 920	31 077
莆田	Putian	3 279	3 476	2 442
泉州	Quanzhou	24 113	25 428	29 781
漳州	Zhangzhou	2 386	2 902	1 777
山东	**Shandong**	**20 933**	**25 497**	**30 598**
青岛	Qingdao	11 445	14 213	17 751
东营	Dongying	42	42	96
烟台	Yantai	5 723	6 096	7 876
潍坊	Weifang	531	680	831
威海	Weihai	2 942	4 203	3 734
日照	Rizhao	250	263	310
广东	**Guangdong**	**307 039**	**384 849**	**414 812**
广州	Guangzhou	116 611	150 580	165 168
深圳	Shenzhen	110 805	141 669	151 056
珠海	Zhuhai	35 690	39 395	43 380
汕头	Shantou	10 519	11 705	9 100
惠州	Huizhou	5 103	5 333	5 610
汕尾	Shanwei	195	387	414
东莞	Dongguan	7 055	7 618	8 074
中山	Zhongshan	10 537	14 692	17 331
江门	Jiangmen	7 571	8 295	8 870
阳江	Yangjiang	136	230	551
湛江	Zhanjiang	581	1 004	1 104
茂名	Maoming	153	169	218
潮州	Chaozhou	1 397	3 071	3 268
揭阳	Jieyang	686	701	668
广西	**Guangxi**	**1 013**	**1 410**	**1 418**
北海	Beihai	441	704	731
防城港	Fangchenggang	555	688	665
钦州	Qinzhou	17	18	22
海南	**Hainan**	**7 739**	**7 757**	**7 806**
海口	Haikou	4 025	3 118	2 645
三亚	Sanya	3 714	4 639	5 161

12-3 沿海地区旅行社单位数（2001年）

Number of Travel Agencies in Coastal Regions, 2001

单位：家 Unit:number

地　区 Region	旅行社总数 Number of Travel Agencies	国际旅行社 International Travel Agencies	国内旅行社 Domestic Travel Agencies
合　计 Total	**5 537**	**613**	**4 924**
天　津 Tianjin	204	19	185
辽　宁 Liaoning	463	28	435
河　北 Hebei	545	57	488
上　海 Shanghai	548	40	508
江　苏 Jiangsu	772	67	705
浙　江 Zhejiang	637	45	592
福　建 Fujian	384	37	347
山　东 Shandong	961	52	909
广　东 Guangdong	579	180	399
广　西 Guangxi	292	51	241
海　南 Hainan	152	37	115

12-4 主要沿海城市接待入境旅游者人数
International Tourists to Major Coastal Cities

单位：人 Unit：person

城市	City	1999	2000	2001
合计	**Total**	**13 308 883**	**17 175 703**	**18 801 440**
天津	**Tianjin**	**320 777**	**356 203**	**421 422**
河北	**Hebei**	**120 679**	**170 839**	**179 045**
唐山	Tangshan	3 815	30 742	36 362
秦皇岛	Qinhuangdao	116 039	139 278	140 010
沧州	Cangzhou	825	819	2 673
辽宁	**Liaoning**	**292 392**	**395 161**	**506 216**
大连	Dalian	260 208	338 286	433 286
丹东	Dandong	23 500	40 258	53 791
锦州	Jinzhou	2 876	3 755	4 660
营口	Yingkou	3 470	5 991	7 338
盘锦	Panjin	1 306	1 712	2 050
葫芦岛	Huludao	1 032	5 159	5 091
上海	**Shanghai**	**1 656 757**	**1 814 027**	**2 042 636**
江苏	**Jiangsu**	**56 396**	**75 319**	**82 201**
南通	Nantong	47 991	53 062	60 963
连云港	Lianyungang	4 485	11 354	10 941
盐城	Yancheng	3 920	10 903	10 297
浙江	**Zhejiang**	**848 750**	**1 022 647**	**1 237 938**
杭州	Hangzhou	591 853	707 148	819 436
宁波	Ningbo	112 041	123 629	160 901
温州	Wenzhou	44 499	59 940	92 877
绍兴	Shaoxing	39 526	48 038	59 632
舟山	Zhoushan	52 855	61 180	72 078
台州	Taizhou	7 976	22 712	33 014
福建	**Fujian**	**1 212 305**	**1 425 210**	**1 452 237**
福州	Fuzhou	249 601	320 269	318 763
厦门	Xiamen	402 817	474 921	502 332

续表 continued

城 市 City		1999	2000	2001
莆 田	Putian	91 101	103 103	102 558
泉 州	Quanzhou	427 424	485 787	490 769
漳 州	Zhangzhou	41 362	41 130	37 815
山 东	**Shandong**	**436 648**	**481 298**	**576 086**
青 岛	Qingdao	228 029	260 597	323 422
东 营	Dongying	1 193	1 049	1 385
烟 台	Yantai	85 910	87 736	112 446
潍 坊	Weifang	21 516	24 098	27 086
威 海	Weihai	84 876	91 161	93 114
日 照	Rizhao	15 124	16 657	18 633
广 东	**Guangdong**	**8 006 719**	**11 067 731**	**11 940 767**
广 州	Guangzhou	3 129 657	4 207 287	4 423 683
深 圳	Shenzhen	2 494 068	3 976 200	4 238 659
珠 海	Zhuhai	794 096	974 324	1 099 145
汕 头	Shantou	216 917	279 259	212 146
惠 州	Huizhou	229 272	230 005	277 702
汕 尾	Shanwei	9 710	16 879	22 149
东 莞	Dongguan	288 580	314 242	566 382
中 山	Zhongshan	500 261	618 451	638 166
江 门	Jiangmen	222 649	267 629	274 125
阳 江	Yangjiang	7 896	26 503	32 198
湛 江	Zhanjiang	10 014	12 597	11 377
茂 名	Maoming	5 157	5 798	4 624
潮 州	Chaozhou	65 796	104 600	109 821
揭 阳	Jieyang	32 646	33 957	30 590
广 西	**Guangxi**	**46 192**	**67 562**	**73 745**
北 海	Beihai	21 297	38 256	40 131
防城港	Fangchenggang	24 413	28 700	32 780
钦 州	Qinzhou	482	606	834
海 南	**Hainan**	**311 268**	**299 706**	**289 147**
海 口	Haikou	159 466	132 577	111 955
三 亚	Sanya	151 802	167 129	177 192

12-5 主要沿海城市星级饭店基本情况（2001年）
Star-rated Hotels and Occupancies in Major Coastal Cities, 2001

城 市 City	饭店数（座） Number of Hotels	客房数（间） Number of Rooms	床位数（张） Number of Beds	客房出租率 Room Occupancy (%)
合 计 Total	**1 710**	**247 935**	**448 550**	**58.45**
天 津 Tianjin	80	10 973	20 186	47.52
秦皇岛 Qinhuangdao	39	4 125	8 422	18.46
大 连 Dalian	90	11 591	20 021	57.95
上 海 Shanghai	300	50 866	90 346	67.47
南 通 Nantong	26	2 917	5 535	60.54
连云港 Lianyungang	40	511	940	48.89
杭 州 Hangzhou	144	19 847	37 226	67.83
宁 波 Ningbo	94	9 851	17 678	67.16
温 州 Wenzhou	40	3 957	6 675	70.89
福 州 Fuzhou	50	29 163	44 838	44.98
厦 门 Xiamen	45	5 894	10 968	34.32
泉 州 Quanzhou	45	4 323	8 119	56.68
漳 州 Zhangzhou	13	1 018	1 904	42.14
青 岛 Qingdao	72	9 458	17 503	57.70
烟 台 Yantai	42	4 213	8 264	56.65
威 海 Weihai	39	3 167	10 294	49.38
广 州 Guangzhou	170	31 443	59 691	60.09
深 圳 Shenzhen	146	20 313	36 184	69.49
珠 海 Zhuhai	55	2 968	5 623	66.44
汕 头 Shantou	41	6 164	10 694	48.48
中 山 Zhongshan	18	1 367	2 578	60.86
湛 江 Zhanjiang	25	288	418	46.94
北 海 Beihai	30	3 389	6 143	43.84
海 口 Haikou	48	7 612	14 216	63.36
三 亚 Sanya	18	2 517	4 084	63.73

12-6 主要沿海城市接待入境旅游者情况(2001年)

Breakdown of International Tourists in Major Coastal Cities, 2001

单位：人，人天　Unit:person, night

城市 City	外国人 Foreigners		港澳同胞 Hongkong & Macau		台湾同胞 Taiwan Province	
	人次数 Arrivals	人天数 Nights	人次数 Arrivals	人天数 Nights	人次数 Arrivals	人天数 Nights
合　计　Total	**6 590 297**	**19 870 511**	**9 389 895**	**19 086 410**	**2 935 937**	**7 871 562**
天　津　Tianjin	**375 329**	**1 291 121**	**22 497**	**95 173**	**23 596**	**95 373**
河　北　Hebei	**166 749**	**554 600**	**7 306**	**15 416**	**4 990**	**10 379**
唐　山　Tangshan	31 676	81 166	3 154	6 593	1 532	3 133
秦皇岛　Qinhuangdao	132 952	467 882	3 833	8 190	3 225	6 792
沧　州　Cangzhou	2 121	5 552	319	633	233	454
辽　宁　Liaoning	**432 187**	**1 496 887**	**30 364**	**99 714**	**43 665**	**150 685**
大　连　Dalian	363 552	1 353 930	29 005	96 737	40 729	140 851
丹　东　Dandong	52 608	108 706	179	384	1 004	2 675
锦　州　Jinzhou	3 356	7 634	112	270	1 192	5 183
营　口　Yingkou	6 468	11 435	383	530	487	990
盘　锦　Panjin	1 800	4 261	147	438	103	479
葫芦岛　Huludao	4 403	10 921	538	1 355	150	507
上　海　Shanghai	**1 516 478**	**5 868 770**	**206 245**	**838 939**	**319 913**	**1 199 674**
江　苏　Jiangsu	**61 222**	**453 378**	**7 974**	**92 808**	**13 005**	**221 911**
南　通　Nantong	48 073	296 196	4 676	45 998	8 214	111 834
连云港　Lianyungang	7 169	77 633	1 575	20 229	2 197	47 110
盐　城　Yancheng	5 980	79 549	1 723	26 581	2 594	62 967

续表 continued

城 市 City	外国人 Foreigners		港澳同胞 Hongkong & Macau		台湾同胞 Taiwan Province	
	人次数 Arrivals	人天数 Nights	人次数 Arrivals	人天数 Nights	人次数 Arrivals	人天数 Nights
浙 江 Zhejiang	**753 819**	**1 535 371**	**303 931**	**526 563**	**294 836**	**816 954**
杭 州 Hangzhou	449 089	1 036 623	148 766	358 036	221 581	582 608
宁 波 Ningbo	160 901	197 868	106 945	59 293	7 702	95 588
温 州 Wenzhou	50 959	115 603	20 190	47 223	21 728	42 073
绍 兴 Shaoxing	38 113	77 041	8 928	15 520	12 591	24 595
舟 山 Zhoushan	37 406	86 325	15 727	39 095	18 946	41 164
台 州 Taizhou	17 351	21 911	3 375	7 396	12 288	30 926
福 建 Fujian	**399 445**	**1 922 150**	**608 985**	**1 761 442**	**443 807**	**1 559 313**
福 州 Fuzhou	124 814	779 815	85 625	237 157	108 324	394 414
厦 门 Xiamen	219 740	935 891	117 138	241 690	165 454	666 843
莆 田 Putian	3 390	11 669	4 383	12 960	94 785	123 113
泉 州 Quanzhou	43 407	177 969	394 739	1 252 786	52 623	302 669
漳 州 Zhangzhou	8 094	16 806	7 100	16 849	22 621	72 274
山 东 Shandong	**457 016**	**1 215 666**	**67 203**	**171 710**	**51 867**	**192 368**
青 岛 Qingdao	263 309	760 260	35 274	110 530	24 839	57 603
东 营 Dongying	1 230	5 067	81	148	74	138
烟 台 Yantai	75 967	242 638	18 167	41 420	18 312	116 370
潍 坊 Weifang	11 957	23 776	12 151	16 947	2 978	6 243
威 海 Weihai	86 360	170 417	1 404	2 353	5 350	11 362
日 照 Rizhao	18 193	13 508	126	312	314	652

续表 continued

城 市 City	外国人 Foreigners		港澳同胞 Hongkong & Macau		台湾同胞 Taiwan Province	
	人次数 Arrivals	人天数 Nights	人次数 Arrivals	人天数 Nights	人次数 Arrivals	人天数 Nights
广 东 Guangdong	**2 294 235**	**5 280 990**	**7 962 481**	**15 238 816**	**1 684 092**	**3 525 451**
广 州 Guangzhou	1 103 830	2 594 955	2 892 639	5 742 562	427 214	966 273
深 圳 Shenzhen	679 500	1 389 300	3 073 300	5 781 000	485 900	1 270 100
珠 海 Zhuhai	96 569	299 605	571 337	721 244	431 239	580 749
汕 头 Shantou	47 012	100 132	146 315	241 805	18 819	30 538
惠 州 Huizhou	44 702	74 245	182 000	275 370	51 000	80 765
汕 尾 Shanwei	896	1 198	20 244	26 853	1 009	1 413
东 莞 Dongguan	214 031	635 686	317 072	1 236 454	35 279	211 181
中 山 Zhongshan	53 023	73 702	476 086	651 271	109 057	149 314
江 门 Jiangmen	35 957	72 721	132 645	219 305	105 523	200 341
阳 江 Yangjiang	3 154	5 684	22 880	44 352	6 164	11 278
湛 江 Zhanjiang	5 148	12 870	4 804	7 214	1 425	2 137
茂 名 Maoming	1 836	6 423	2 252	4 825	536	1 362
潮 州 Chaozhou	4 598	9 196	100 855	257 773	4 368	10 264
揭 阳 Jieyang	3 979	5 273	20 052	28 788	6 559	9 736
广 西 Guangxi	**38 823**	**54 390**	**26 045**	**30 301**	**8 877**	**10 955**
北 海 Beihai	10 816	15 007	22 619	25 418	6 696	7 889
防城港Fangchenggang	27 622	38 670	3 175	4 445	1 983	2 776
钦 州 Qinzhou	385	713	251	438	198	290
海 南 Hainan	**94 994**	**197 188**	**146 864**	**215 528**	**47 289**	**88 499**
海 口 Haikou	32 120	71 899	47 557	63 356	32 278	66 064
三 亚 Sanya	62 874	125 289	99 307	152 172	15 011	22 435

注：外国人中包括华侨人数。

Note: Data of foreigners include overseas Chinese.

十三 海洋信息服务

MARINE INFORMATION CONSULTATION SERVICE

13-1 沿海地区海洋信息服务业情况（2001年）

Gross Output Value of Marine Information Consultation and Service Industry by Coastal Regions, 2001

地 区 Region	总产值（万元） Output Value (10 000 yuan)	增加值（万元） Added Value (10 000 yuan)	职工人数（人） Staff and Workers (person)
全国总计 **Total**	**131 028**	**34 118**	
浙 江 Zhejiang	81 001	10 902	
山 东 Shandong	27	16	
福 建 Fujian	50 000	23 200	

十四 其他海洋产业

OTHER MARINE INDUSTRIES

14-1 沿海地区其他海洋产业生产情况（2001年）

Gross Output Value of Other Marine Industries by Coastal Regions, 2001

地 区 Region	总产值（亿元） Output Value (100 million yuan)	增加值（亿元） Added Value (100 million yuan)	职工人数(人) Staff and Workers (person)
全国总计 Ntional Total	**428.51**	**112.55**	
天 津 Tianjin	69.39	8.51	17 400
浙 江 Zhejiang	179.39	36.00	
山 东 Shandong	0.64	0.31	
福 建 Fujian	162.13	61.89	
广 西 Guangxi	10.86	2.91	
海 南 Hainan	6.10	2.93	874

十五 海洋科技与教育

MARINE SCIENCE AND EDUCATION

15-1 分地区海洋科研
Marine Scientific Research

地 区 Region	机构数（个） Number of Institutions(unit)	从业人员（人） Employed Population(person)
合 计 Total	**104**	**14 206**
北 京 Beijing	5	1 317
天 津 Tianjin	10	2 450
河 北 Hebei	1	26
辽 宁 Liaoning	13	837
上 海 Shanghai	11	2 222
江 苏 Jiangsu	8	1 282
浙 江 Zhejiang	13	927
福 建 Fujian	10	692
山 东 Shandong	14	2 688
广 东 Guangdong	16	1 356
广 西 Guangxi	2	85
湖 北 Hubei	1	324

15-2 分部门海洋科研
Marine Scientific Research

部 门 Sector	机构数（个） Number of Institutions(unit)	从业人员（人） Employed Population(person)
合 计 Total	**104**	**14 206**
农业部 Ministry of Agriculture	5	1 126
水利部 Ministry of Water Resources	1	865
国土资源部 Ministry of Land and Resources	1	200
石油和化学工业协会 Association of Oil and Chemical Industry	1	171
轻工业联合会 Federation of Light Industry	1	170
交通部 Ministry of Communications	11	2 316
中国气象局 China Meteorological Administration	13	337
国家海洋局 State Oceanic Administration	12	3 463
中国科学院 Chinese Academy of Sciences	4	1 918
沿海省、市、自治区 Coastal Regions	55	3 640

机构及人员情况（2001年）
Institutions and Personnel by Regions,2001

专业技术人员（人） Professional (person)				
	高级职称 Senior	中级职称 Intermediate	初级职称 Primary	其他 Others
10 396	**3 498**	**3 567**	**2 199**	**1 132**
1 029	354	404	218	53
1 528	468	512	313	235
26	11	7	5	3
666	241	256	145	24
1 680	480	437	339	424
1 024	447	239	178	160
727	298	268	126	35
615	173	236	153	53
1 839	662	693	401	83
969	272	372	269	56
58	14	40	2	2
235	78	103	50	4

机构及人员情况（2001年）
Institutions and Personnel by Sectors,2001

专业技术人员（人） Professional (person)				
	高级职称 Senior	中级职称 Intermediate	初级职称 Primary	其他 Others
10 396	**3 498**	**3 567**	**2 199**	**1 132**
709	216	282	183	28
721	372	156	101	92
106	56	30	17	3
90	41	34	15	0
122	26	11	8	77
1 778	563	429	323	463
302	107	135	50	10
2 595	957	969	478	191
1 391	517	570	271	33
2 582	643	951	753	235

15-3 分行业海洋科研
Marine Scientific Research

行　业 Industry	机构数（个） Number of Institutions(unit)	从业人员（人） Employed Population(person)	专业技术
合 计　Total	**104**	**14 206**	**10 396**
农　业　Agriculture	2	190	154
渔　业　Fishery	31	2 753	1 816
水利业　Water Conservancy	1	865	721
采盐业　Salt Industry	4	294	165
化学化工　Chemical Industry	1	171	90
仪器仪表　Instrument and Measurement	1	230	110
地质勘查　Geological Survey	1	200	106
交通运输　Communication and Transportation	9	1 857	1 543
气象业　Meteorology	13	337	302
环境保护　Environmental Protection	18	1 202	988
海洋事业　Marine Undertakings	7	1 666	1 192
科学研究　Scientific Research	13	3 998	2 933
其　他　Others	3	443	276

15-4 分地区海洋科技
Marine Science and Technology

地　区 Region	合　计 Total	基础研究 Basic Research	应用研究 Applied Research
合 计　Total	**3 093**	**359**	**680**
北　京　Beijing	274	21	70
天　津　Tianjin	204	0	27
河　北　Hebei	12	0	0
辽　宁　Liaoning	79	0	1
上　海　Shanghai	376	14	10
江　苏　Jiangsu	647	14	97
浙　江　Zhejiang	211	7	85
福　建　Fujian	255	40	61
山　东　Shandong	536	175	194
广　东　Guangdong	347	29	74
广　西　Guangxi	41	4	7
湖　北　Hubei	111	55	54

机构及人员情况（2001年）

Institutions and Personnel by Industries,2001

人员（人） Professional (person)

高级职称 Senior	中级职称 Intermediate	初级职称 Primary	其他 Others
3 498	**3 567**	**2 199**	**1 132**
41	25	52	36
492	701	459	164
372	156	101	92
31	27	28	79
41	34	15	0
26	35	41	8
56	30	17	3
478	382	260	423
107	135	50	10
242	377	325	44
408	513	209	62
1 108	1 085	577	163
96	67	65	48

课题情况（2001年）

Research Projects by Regions,2001

单位：项 Unit:item

实验发展 Experimental Development	成果应用 Result Application	科技服务 Scientific and Technological Service	生产性活动 Productive Activities
746	**571**	**696**	**41**
28	18	132	5
19	97	54	7
0	0	12	0
14	40	18	6
87	141	119	5
299	158	74	5
35	23	60	1
79	35	40	0
65	18	73	11
110	30	103	1
8	11	11	0
2	0	0	0

15-5 分部门海洋科技
Marine Science and Technology

部 门 Sector		合 计 Total	基础研究 Basic Research
合 计	**Total**	**3 093**	**359**
农业部	Ministry of Agriculture	165	19
水利部	Ministry of Water Resources	552	13
国土资源部	Ministry of Land and Resources	5	1
石油和化学工业协会	Association of Oil and Chemical Industry	14	0
轻工业联合会	Federation of Light Industry	11	0
交通部	Ministry of Communications	427	0
中国气象局	China Meteorological Administration	161	3
国家海洋局	State Oceanic Administration	617	96
中国科学院	Chinese Acadamy of Sciences	559	220
沿海省、市、自治区	Coastal Regions	582	7

15-6 分行业海洋科技
Marine Science and Technology

行 业 Industry		合 计 Total	基础研究 Basic Research
合 计	**Total**	**3 093**	**359**
农 业	Agriculture	49	1
渔 业	Fishery	438	21
水利业	Water Conservancy	552	13
采盐业	Salt Industry	20	0
化学化工	Chemical Industry	14	0
仪器仪表	Instrument and Measurement	15	0
地质勘查	Geological Survey	5	1
交通运输	Communications and Transportation	405	0
气象业	Meteorology	161	3
环境保护	Environmental Protection	172	0
海洋事业	Marine Undertakings	159	4
科学研究	Scientific Research	1 070	316
其 他	Others	33	0

课题情况（2001年）
Research Projects by Sectors,2001

单位：项 Unit:item

应用研究 Applied Research	实验发展 Experimental Development	成果应用 Result Application	科技服务 Scientific and Technological Service	生产性活动 Productive Activities
680	**746**	**571**	**696**	**41**
31	71	10	34	0
96	234	144	64	1
4	0	0	0	0
0	5	0	0	9
2	2	4	3	0
0	70	133	210	14
26	35	63	34	0
235	66	53	160	7
223	56	14	44	2
63	207	150	147	8

课题情况（2001年）
Research Projects by Industries,2001

应用研究 Applied Research	实验发展 Experimental Development	成果应用 Result Application	科技服务 Scientific and Technological Service	生产性活动 Productive Activities
680	**746**	**571**	**696**	**41**
1	38	6	3	0
61	189	88	73	6
96	234	144	64	1
2	6	7	5	0
0	5	0	0	9
0	0	0	15	0
4	0	0	0	0
0	76	109	206	14
26	35	63	34	0
17	22	58	73	2
34	20	49	45	7
436	116	29	171	2
3	5	18	7	0

15-7 全国各海洋专业博士研究生情况（2001年）
Doctors in Institutions of Higher Learning by Oceanography Specialities,2001

专 业 Speciality	专业点数(个) Number of Speciality Agencies	学生数（人） Students (person)			
		毕业生 Graduated	招 生 Enrollment	在校生 Student	毕业班学生 Graduation
合 计 Total	**35**	**103**	**294**	**867**	**301**
物理海洋学 Physical Oceanography	2	8	29	93	40
海洋化学 Marine Chemistry	3	4	27	54	9
海洋生物学 Marine Biology	5	33	65	168	50
海洋地质 Marine Geology	3	13	42	109	47
港口海岸及近海工程 Coastal Harbour and Offshore Engineering	7	13	50	129	36
船舶与海洋结构物设计 Ship and Marine Structures Design	6	13	45	158	64
轮机工程 Turbine Engineering	6	10	22	95	32
水声工程 Marine Acoustical Engineering	3	9	14	61	23

15-8 全国各海洋专业硕士研究生情况（2001年）
Masters in Institutions of Higher Learning by Oceanography Specialities,2001

专 业 Speciality	专业点数(个） Number of Speciality Agencies	学生数（人）Students (person)			
		毕业生 Graduated	招 生 Enrollment	在校生 Student	毕业班学生 Graduation
合 计 Total	**65**	**289**	**592**	**1 470**	**376**
物理海洋学 Physical Oceanography	7	14	37	102	25
海洋化学 Marine Chemistry	5	27	60	119	21
海洋生物学 Marine Biology	8	32	104	198	33
海洋地质 Marine Geology	7	30	41	124	37
港口海岸及近海工程 Coastal Harbour and Offshore Engineering	10	38	102	251	64
船舶与海洋结构物设计 Ship and Marine Structures Design	12	49	140	340	78
轮机工程 Turbine Engineering	10	32	78	184	46
水声工程 Marine Acoustical Engineering	4	10	30	74	21
船舶与海洋工程新专业 New Speciality of Ship and Marine Engineering	2	57		78	51

15-9 全国各海洋专业本、专科学生情况（2001年）
Students in Institutions of Higher Learning and Students in Colleges for Professional Training by Oceanography Specialities,2001

专 业 Speciality	专业点数（个） Number of Speciality Agencies	学生数（人）Students (person)			
		毕业生 Graduated	招 生 Enrollment	在校生 Student	毕业班学生 Graduation
合 计 **Total**	**156**	**5 948**	**11 273**	**34 972**	**7 011**
海洋科学 Oceanography	6	50	414	1 010	55
海洋技术 Marine Technology	7		250	875	
海洋科学类新专业 New Speciality of Marine Science	1	67		117	79
港口航道与海岸工程 Harbour Channel and Coastal Engineering	15	600	830	2 839	578
港口海岸及治河工程 Coastal Harbour and River Engineering	7	182	219	733	227
航海技术 Nautical Technology	15	1 056	2 225	6 384	1 412
轮机工程 Turbine Engineering	21	1 172	2 200	6 784	1 612
船舶与海洋工程 Ship and Marine Engineering	19	805	1 728	5 442	924
海洋工程类新专业 New Speciality of Marine Engineering	4	89	417	805	144
水产养殖学 Aquaculture	54	1 738	2 708	8 820	1 736
海洋渔业科学与技术 Science and Technology of Marine Fishery	7	189	282	1 163	244

15-10 全国普通中专各海洋专业学生情况（2001年）
Students in Specialized Secondary Schoolsby Oceanography Specialities,2001

专 业 Speciality	专业点数(个) Number of Speciality Agencies	学生数（人）Students (person)			
		毕业生 Graduated	招 生 Enrollment	在校生 Student	毕业班学生 Graduation
合 计 Total	**77**	**3 493**	**1 067**	**5 608**	**2 600**
水产养殖 Aquaculture	52	2 925	778	4 360	2 116
航海捕捞 Marine Fishing	3	40		59	27
水文与水资源 Hydrology and Water Resources	19	489	284	990	357
海洋观测 Marine Observation	1		5	5	
港口与航道工程技术 Engineering Technology of Harbour and Channel	2	39		194	100

15-11 全国成人高等教育海洋专业学生情况（2001年）
Students in Continuing Education by Oceanography Specialities,2001

专 业 Speciality	专业点数(个) Number of Speciality Agencies	学生数（人）Students (person)			
		毕业生 Graduated	招 生 Enrollment	在校生 Student	毕业班学生 Graduation
合 计 Total	**76**	**1 130**	**2 220**	**5 531**	**1 537**
港口航道与海岸工程 Harbour Channel and Coastal Engineering	3	4	22	66	33
港口海岸及治河工程 Coastal Harbour and River Engineering	1	48		45	45
航海技术 Nautical Technology	15	410	797	2 025	500
轮机工程 Turbine Engineering	21	362	580	1 622	477
船舶与海洋工程 Ship and Marine Engineering	11	79	255	471	102
水产养殖 Aquaculture	24	196	566	1 302	380
海洋渔业科学与技术 Science and Technology of Marine Fishery	1	31			

十六 海洋环境保护

MARINE ENVIRONMENTAL PROTECTION

16-1 主要沿岸海域水质综合状况（2001年）
Comprehensive Indicators of Water Quality by Major Coastal Area,2001

海　域 Sea Area	超标项目（一类海水水质标准） Super-Standardized Items
渤海湾近岸 Nearshore of Bohai Bay	溶解氧、无机氮、石油类、铅 DO、N、Oil、Pb
黄海北部近岸 Nearshore of North Huanghai Sea	溶解氧、无机氮、活性磷酸盐、铅、汞 DO、N、PO_4^{2-}、Pb、Hg
锦州湾 Jinzhou Bay	溶解氧、活性磷酸盐、石油类、汞、铅 DO、PO_4^{2-}、Oil、Hg、Pb
杭州湾 Hangzhou Bay	溶解氧、无机氮、活性磷酸盐、石油类、汞、铅 DO、N、PO_4^{2-}、Oil、Hg、Pb
长江口外近岸 Nearshore out of Changjiang Estuary	溶解氧、无机氮、活性磷酸盐、石油类、汞、铅 DO、N、PO_4^{2-}、Oil、Hg、Pb
长江口内近岸 Nearshore in Changjiang Estuary	溶解氧、无机氮、活性磷酸盐、汞、铅 DO、N、PO_4^{2-}、Hg、Pb
舟山渔场附近海域 Zhoushan Fishing Farm	溶解氧、无机氮、活性磷酸盐 DO、N、PO_4^{2-}
莱州湾近岸 Nearshore of Laizhou Bay	溶解氧、铅 DO、Pb
烟台近岸 Nearshore of Yantai	溶解氧、活性磷酸盐 DO、PO_4^{2-}
浙江近岸 Nearshore of Zhejiang	溶解氧、无机氮、活性磷酸盐、汞、铅 DO、N、PO_4^{2-}、Hg、Pb
珠江口近岸 Nearshore of Zhujiang Estuary	溶解氧、无机氮、活性磷酸盐、石油类 DO、N、PO_4^{2-}、Oil
大连湾 Dalian Bay	溶解氧、无机氮、石油类、铅 DO、N、Oil、Pb
长江口外近海 Offshore out of Changjiang Estuary	无机氮、活性磷酸盐 N、PO_4^{2-}
胶州湾近岸 Nearshore of Jiaozhou Bay	溶解氧、无机氮、活性磷酸盐、石油类、铅 DO、N、PO_4^{2-}、Oil、Pb
珠江口外近海 Offshore out of Zhujiang Estuary	溶解氧、无机氮、铅 DO、N、Pb
大鹏湾 Dapeng Bay	溶解氧、铅 DO、Pb

16-2 沿海地区工业废水排放及处理情况（2001年）

Discharge and Treatment of Industrial Waste Water by Coastal Regions,2001

单位：万吨 Unit:10 000 tons

地 区 Region	工业废水排放总量 Total Volume of Industrial Waste Water Discharged	工业废水中 Including		
		直接排入海的 Discharged Directly to Sea	符合排放标准的 Up-to-Standard	达标率 (%) Standardized Rate（%）
总 计 Total	**195 736**	**86 003**	**177 621**	**90.7**
天 津 Tianjin	5 068	1 456	5 022	99.1
河 北 Hebei	12 900	2 670	11 888	92.2
辽 宁 Liaoning	3 784	30 241	1 406	37.2
上 海 Shanghai	40 807	10 770	38 358	94.0
江 苏 Jiangsu	14 856	1 033	13 913	93.7
浙 江 Zhejiang	30 777	5 602	29 537	96.0
福 建 Fujian	26 272	16 203	25 136	95.7
山 东 Shandong	14 570	10 212	14 204	97.5
广 东 Guangdong	37 899	4 521	30 047	79.3
广 西 Guangxi	2 936	688	2 511	85.5
海 南 Hainan	5 867	2 607	5 599	95.4

16-3 主要沿海城市工业废水排放及处理情况（2001年）
Discharge and Treatment of Industrial Waste Water by Major Coastal Cities,2001

单位：万吨 Unit:10 000 tons

城 市 City	工业废水排放总量 Total Volume of Industrial Waste Water Discharged	直接排入海的 Discharged Directly to Sea	工业废水中 Including 符合排放标准的 Up-to-Standard	达标率（%） Standardized Rate（%）
天 津 Tianjin	5 068	1 128	5 022	99. 1
秦皇岛 Qinhuangdao	1 279	321	1 279	100. 0
大 连 Dalian	6 800	1 733	6 622	97. 4
上 海 Shanghai	40 807	10 737	38 358	94. 0
连云港 Lianyungang	4 902	767	4 896	99. 9
宁 波 Ningbo	4 395	384	4 233	96. 3
温 州 Wenzhou	3 794	101	3 101	81. 7
福 州 Fuzhou	1 307	3	1 098	84. 0
厦 门 Xiamen	465		455	97. 9
青 岛 Qingdao	1 820	106	1 815	99. 7
烟 台 Yantai	4 601	2 366	4 469	97. 1
深 圳 Shenzhen	3 968	472	3 883	97. 9
珠 海 Zhuhai	1 345		1 192	88. 7
汕 头 Shantou	1 777	1	1 665	93. 7
湛 江 Zhanjiang	3 385		2 613	77. 2
北 海 Beihai	1 240	446	1 108	89. 3
海 口 Haikou	492	159	492	100. 0

注：本表排放量是指该市县及县以上工业企业的排放量。

Note: The discharge mentioned in this table refers to the discharge by the industrial enterprises in the cities above the county level.

16-4 沿海地区工业固体废物排放、处理、

Discharge,Treatment and Utilization of Industrial Solid Wastes

地 区 Region	工业固体废物排放、处置及综合利用情况（吨） Discharge, Treatment and Utilization of Industrial Solid Wastes (t)		
	工业固体 废物排放量 Volume of Industrial Solid Wastes Discharged	工业固体废 物处置量 Volume of Industrial Solid Wastes Treated	工业固体废物 综合利用量 Volume of Industrial Solid Wastes Muti-Utilized
合 计 Total	**97 098.50**	**3 661 586.49**	**34 846 293.69**
天 津 Tianjin		195 249.47	1 972 991.73
河 北 Hebei	39 900.00	351 495.00	2 159 972.64
辽 宁 Liaoning	10 570.00	225 862.46	709 728.34
上 海 Shanghai	1 445.60	442 685.16	11 030 883.03
江 苏 Jiangsu	10.00	392 605.66	1 817 063.39
浙 江 Zhejiang	5 454.50	221 407.63	3 109 559.74
福 建 Fujian	7 000.90	50 462.49	613 285.32
山 东 Shandong		1 319 514.80	9 496 575.30
广 东 Guangdong	13 558.60	255 428.84	3 483 177.75
广 西 Guangxi	19 158.90	34 776.62	152 622.84
海 南 Hainan		172 098.36	300 433.61

利用及污染治理项目（2001年）
and the Pollution Treatment Projects by Coastal Regions,2001

污染治理项目情况（个） Number of Projects for Pollution Treatment			
本年安排施工项目 Arranged for Construction in the Year		当年竣工项目 Completed in the Year	
治理废水 Treatment of Waste Water	治理固体废物 Treatment of Solid Wastes	治理废水 Treatment of Waste Water	治理固体废物 Treatment of Solid Wastes
771	**90**	**629**	**83**
18	2	13	2
5	1	2	
25		23	
58	3	39	2
48	3	21	3
195	10	180	10
52	1	30	
61	54	55	54
257	13	238	11
25	2	3	
27	1	25	1

16-5 主要沿海城市工业固体废物排放、处理、

Discharge,Treatment and Utilization of Industrial Solid Wastes

城 市 City	工业固体废物排放、处置及综合利用情况（吨） Discharge, Treatment and Utilization of Industrial Solid Wastes (t)		
	工业固体废物排放量 Volume of Industrial Solid Wastes Discharged	工业固体废物处置量 Volume of Industrial Solid Wastes Treated	工业固体废物综合利用量 Volume of Industrial Solid Wastes Muti-Utilized
天 津 Tianjin		195 249.5	1 972 991.7
秦皇岛 Qinhuangdao		410.0	336 875.2
大 连 Dalian	2 722.9	227 862.1	28.0
上 海 Shanghai	1 445.6	442 685.2	11 030 883.0
连云港 Lianyungang		354 621.8	1 236 587.6
宁 波 Ningbo	355.0	38 952.4	510 092.9
温 州 Wenzhou	108.5	81 752.4	506 077.1
福 州 Fuzhou	376.0	6 378.5	42 389.0
厦 门 Xiamen			17 764.2
青 岛 Qingdao		5 414.8	409 706.7
烟 台 Yantai		662 979.0	5 757 856.6
深 圳 Shenzhen	670.0	54 589.1	382 609.3
珠 海 Zhuhai		2 261.9	82 950.3
汕 头 Shantou		261.0	326 546.4
湛 江 Zhanjiang	19.7	101 922.8	276 546.4
北 海 Beihai	1 905.0	200.0	61 691.3
海 口 Haikou			16 703.4

利用及污染治理项目（2001年）

and the Pollution Treatment Projects by Major Coastal Cities,2001

污染治理项目情况（个） Number of Projects for Pollution Treatment			
本年安排施工项目 Arranged for Construction in the Year		当年竣工项目 Completed in the Year	
治理废水 Treatment of Waste Water	治理固体废物 Treatment of Solid Wastes	治理废水 Treament of Waste Water	治理固体废物 Treatment of Solid Wastes
18	2	13	2
3		3	
58	3	39	2
40	2	15	2
55	4	52	4
36	1	30	1
11		10	
2		2	
13		13	
18	48	18	48
43		39	
10		10	
8		8	
15	1	15	1
1		1	
3		1	

16-6 海洋类型自然保护区建设情况（截至2000年）
Construction of Marine Nature Reserves, As of 2000

地区 Region	保护区数量（个）Number of Reserves							保护区面积（平方公里）Area (km^2)
	保护级别 Class				保护类别 Type			
	合计 Total	国家级 National	省级 Provincial	地、县级 City and County	海洋海岸生态系统 Marine and Coastal Ecological System	海洋自然遗迹 Marine Natural Remains	海洋生物多样性 Marine Biodiversity	
总计 Total	**69**	**18**	**20**	**31**	**30**	**6**	**33**	**13 064.00**
天津 Tianjin	2	1		1	1	1		226.00
河北 Hebei	2	1		1	1	1		301.00
辽宁 Liaoning	11	4	2	5	2	2	7	2 580.00
上海 Shanghai	3		3		3			462.00
江苏 Jiangsu	2	2			2			4 568.00
浙江 Zhejiang	1	1			1			206.00
福建 Fujian	6	2	2	2	2	1	3	234.00
山东 Shandong	7	1	2	4	1	1	5	1 755.00
广东 Guangdong	12	1	3	8	2		10	949.00
广西 Guangxi	4	2	2		2		2	997.00
海南 Hainan	19	3	6	10	13		6	786.00

十七 海洋服务

MARINE SERVICE

17-1 沿海海滨观测台站分布概况（2001年）

Distribution of Coastal Observation Stations,2001

单位：个 Unit: number

地 区 Region	合 计 Total	海洋站 Marine Station	验潮站① Tide Station	气象台站② Meteorological Station	地震观测站 Seismic Station	雷达站 Radar Station
总 计 Total	**553**	**63**	**215**	**118**	**156**	**1**
天 津 Tianjin	17	1	5	2	9	
河 北 Hebei	33	1	3	12	17	
辽 宁 Liaoning	47	9	3	13	21	1
上 海 Shanghai	69	3	57	1	8	
江 苏 Jiangsu	36	2	20	3	11	
浙 江 Zhejiang	84	9	38	19	18	
福 建 Fujian	64	10	10	28	16	
山 东 Shandong	60	9	3	30	18	
广 东 Guangdong	105	7	69	5	24	
广 西 Guangxi	14	3	4	3	4	
海 南 Hainan	23	9	3	1	10	

注：①潮流量观测站42处，潮水位观测站173处。

②气象台站仅指进行海洋天气预报的台站，总计中含有国家气象中心一个。

Note: ①There are 42 tidal current observation stations and 173 tidal level observation stations.

②The meteorological observatories and stations only refer to those which carry out weather forecasting, total of meterological station includes one station in National Meteorological Centre.

17-2 沿海地区风暴潮
Survey of Storm Surges

受灾地区 Disaster Regions	时 间 Date	受灾人口 （万人） Affected Population (10^4persons)	淹没农田面积 （万公顷） Inundated Area of Farmland (10^4ha)	损失船只(艘) Lost Boat (Number)
合 计 **Total**		**1 336**	**30.8**	**10 848**
福 建		804	21.1	6 430
Fujian	6月23日 June 23	521	12.2	6 430
	7月6日 July 6	159	6.1	
	7月31日 July 31	100	2.0	
	9月29日 September 29	24	0.8	
广 东		532	9.7	4 418
Guangdong	7月6日 July 6	532	9.7	2 295
	7月2日 July 2			1 490
	7月26日 July 26			633

灾害情况（2001年）

by Coastal Regions,2001

水产养殖损失（万公顷） Loss of Aquaculture (10^4ha)	冲毁海洋工程（处、公里） Destroyed Offshore Engineering (Number,km)	死亡人数（人） Number of Deaths (person)	经济损失（亿元） Economic Loss (10^8yuan)
6.04	**1 161处181.1km**	**136**	**87.0**
3.46	1 144处124.1km	129	57.9
	401处73.1km	122	45.2
	432处17.6km	7	6.9
0.8	311处33.4km		5.0
			0.8
2.58	17处57km	7	29.1
1.10	17处57km	7	24.5
			3.8
0.04			0.8

17-3 沿海地区赤潮灾害情况（2001年）
Survey of Red Tide by Coastal Regions, 2001

时 间 Date	海 区 Sea Area	受灾面积（平方公里） Disaster Area(km^2)	经济损失(亿元) Economic Loss (10^8 yuan)
总 计 Total		**15 000**	**10**
5月10～17日 May 10-17	长江口海域 Changjiang Estuary	1 000	
5月10～17日 May 10-17	舟山中街山列岛海域 Zhoushan Zhongjieshan Islands	2 400	
5月15日 May 15	南麂列岛海域 Nanji Islands	400	
5月23日 May 23	浙江苍南沿海海域 Zhejiang Cangnan Coastal Area	100	
6月8～11日 June 8-11	福建沙埕海域 Fujian Shacheng	小范围	
6月15日 June 15	台州列岛、东矶列岛附近海域 Nearby Taizhou Islands and Dongji Islands	1 100	
6月16日 June 16	舟山中街山列岛海域 Zhoushan Zhongjieshan Islands	1 400	
6月20日 June 20	江苏沿海海域 Jiangshu Coastal Area	1 000	
7月10～13日 July 10-13	大亚湾近岸海域 Nearshore of Daya Bay	242	
7月15～16日 July 15-16	营口附近海域 Nearby Yingkou	360	
8月12～23日 August 12-23	鲅鱼圈附近海域 Nearby Bayuquan	770	
8月24～9月14日 August 24-September 14	大洋河口至鸭绿江口附近海域 Nearby Dayang Estuary to Yalujiang Estuary	1 100	
8月25～26日 August 25-26	辽河口附近海域 Nearby Liaohe Estuary	130	
8月27～30日 August 27-30	鲅鱼圈近岸海域 Nearby Bayuquan	100	

17-4 沿海监测情况（2001年）
Marine Monitoring Statistics, 2001

项目 Item	合 计 Total	台站监测 Station Monitoring	污染监测 Pollution Monitoring	浮标监测 Buoy Monitoring	断面监测 Sectional Monitoring	验朝井 Tide Station well
站点、船舶数（个、艘） Number of Station & Ship	1 505.00	61.00	1 269.00	4.00	171.00	102.00
数据(万组) Data (10^4 groups)	1 702.25	1 686.54	6.32	7.40	1.99	79.70

17-5 海洋调查概况（2001年）
Marine Survey Statistics, 2001

调查名称 Name	时 间 Time	海 区 Sea Area	测线及测站 Survey Line and Observation Station	调查项目 Item	实施单位 Implementing Units
断面调查 Profile Survey	2月 February 8月 August	渤海 Bohai Sea 黄海 Huanghai Sea 东海 East China Sea 南海北部 North of South China Sea 北部湾 Beibu Gulf	17条断面 17 lines 72个测站 72 Observation Stations	水文 Hydrology 化学 Chemistry 水质 Water Quality 沉积 Sedimentation 气象 Meteorology	国家海洋局 State Oceanic Administration
大气监测 Monitoring of Air	5月 May 8月 August 10月 October	黄海 Huanghai Sea	1个测站 1 Observation Station	化学 Chemistry 降水 Precipitation	国家海洋局 State Oceanic Administration
海洋环境污染监测 Monitoring of Marine Environmental Pollution	8月 August	渤海 Bohai Sea 黄海 Huanghai Sea 东海 East China Sea 南海 South China Sea	137 161 194 237	生物 Biology 水质 Water Quality 底质 Bottom Material	国家海洋局 State Oceanic Administration

17-6 海洋预报服务概况（2001年）
Marine Forecast Service, 2001

预报项目 Item	预报次数（次） Frequency（Time）	发布份数（份） Copies Released（Copy） 合计 Total	电视 TV	广播 Radio	报纸 News-paper	传真 Fax	电报 Tele-gram	电传 Telex	信函 Letter	因特网 Internet
合 计 Total	**64 670**	**94 550**	**14 785**	**14 721**	**8 159**	**17 267**	**21 601**	**1 193**	**4 722**	**12 102**
海洋水文 Marine Hydrology	52 264	59 052	14 182	13 989	7 769	12 854	4 821	1 193	3 360	884
海浪 Wave	15 238	22 624	5 429	6 011	2 242	5 274	1 944	1 193	12	519
海温 Sea Level Temper-ature	11 485	19 710	4 355	3 933	2 920	3 869	1 851		2 592	190
潮汐 Tide	24 314	15 580	4 364	4 001	2 607	3 452	1 002			154
海冰 Sea Ice	318	738	9	9		184			536	
风暴潮 Storm Surge	909	400	25	35		75	24		220	21
专项 Special Item	12 406	35 498	603	732	390	4 413	16 780		1 362	11 218

注：本表只包含国家海洋局资料。

Note: This table only contains the data from the State Oceanic Administration.

十八 世界海洋经济

WORLD MARINE ECONOMICS

18-1 主要沿海国家国内生产总值
Gross Domestic Product of Major Coastal Countries

国家或地区 Country or Territory	海岸线长度 (公里) Length of Coastline (km)	国内生产总值（亿本币） GDP (National Currency 100 million) 单位 Unit	年份 Year 1999	2000
美国 United States	22 680	美元 US $	92 992	98 729
日本 Japan	30 000	日元 Yen	4 953 750	5 138 222
德国 Germany	1 300	德国马克 Deutsche mark	19 823	20 255
英国 United Kingdom	11 450	英镑 Pounds	8 910	9 449
法国 France	3 000	法郎 Francs	13 443	14 084
意大利 Italy	7 000	里拉 Lire	10 991	11 648
加拿大 Canada	20 000	加元 Dollars	9 579	10 560
澳大利亚 Australia	20 125	澳元 Dollars	6 107	6 534
俄罗斯 Russian Fed.	34 000	卢布 Rouble	45 455	73 022
波兰 Poland	491	兹罗提 Zloty	6 156	6 862
印度 India	6 083	卢比 Rupees	195 700	205 617
印度尼西亚 Indonesia	35 000	卢比 Rupiahs	11 099 800	12 820 180
菲律宾 Philippines	18 533	比索 Pesos	29 964	33 026
泰国 Thailand	3 219	铢 Baht	46 154	49 047
马来西亚 Malaysia	4 675	林吉特 Ringgit	2 997	3 407
新加坡 Singapore	193	新加坡元 Dollars	1 440	1 599
缅甸 Myanmar	3 060	缅元 Kyats	21 903	25 478
孟加拉国 Bangladesh	580	塔卡 Taka	17 376	24 517
土耳其 Turkey	7 200	里拉 Liras	829 255 000	1 251 581 360
韩国 Korea Rep.	2 413	韩圆 Won	4 837 780	5 219 592
埃及 Egypt	2 450	埃镑 Pounds	3 023	3 365
墨西哥 Mexico	9 330	新比索 New pesos	45 838	54 910
巴西 Brazil	7 400	雷亚尔 Reais	9 609	10 867
阿根廷 Argentina	4 989	比索 Pesos	2 833	2 842

18-2 国家（地区）海洋渔区标称渔获量

Nominal Catches of Marine Fishing Regions by Countries or Areas

单位：吨　Unit:ton

国家或地区 Country or Territory	1998	1999	2000
世界总计 World Total	**78 296 000**	**84 606 460**	**86 047 604**
阿尔巴尼亚 Albania	1 860	1 931	2 365
阿尔及利亚 Algeria	92 364	105 693	100 000 *
安哥拉 Angola	139 811	171 497	232 351
安提瓜和巴布达 Antigua Barb	500*	3 185	1 481
阿根廷 Argentina	1 116 823	1 012 804	890 725
澳大利亚 Australia	199 349*	213 336	209 191
巴哈马 Bahamas	10 126	10 473	10 500 *
巴林 Bahrain	9 849	10 290	11 718
孟加拉国 Bangladesh	300 452	341 539	333 799
巴巴多斯 Barbados	3 594	3 206	3 100
比利时 Belgium	30 324	29 340	29 289
伯利兹 Belize	2 206	39 940	61 059
贝宁 Benin	10 361	8 542	5 924 *
巴西 Brazil	580 000	480 000*	510 580
文莱 Brunei Darsm	5 014	3 160	2 464
保加利亚 Bulgaria	8 421	8 081	6 137
柬埔寨 Cambodia	32 200	38 100	38 768
喀麦隆 Cameroon	65 000*	60 000*	57 109
加拿大 Canada	954 071	981 350	952 938
佛得角群岛 Cape Verde	9 999	10 371	10 821
智利 Chile	3 265 302	5 050 528	4 300 160
科特迪瓦 Cote d'Ivoire	55 000*	67 616	69 820
哥伦比亚 Colombia	145 791	89 161	104 790
科摩罗群岛 Comoros	12 500*	12 200*	13 200
刚果 Congo Rep.	19 000*	18 241	24 525 *
库克群岛 Cook Is.	995*	995*	500 *
哥斯达黎加 Costa Rica	19 466	23 214	26 950
古巴 Cuba	61 122	62 638	51 546 *
塞浦路斯 Cyprus	2 421	5 203	2 230
丹麦 Denmark	1 556 986	1 404 799	1 533 906
多米尼加共和国 Dominican Rep.	9 076	7 804	10 842
厄瓜多尔 Ecuador	309 622	497 472	592 147
埃及 Egypt	112 560	155 204	130 844
萨尔瓦多 El Salvador	11 970	12 780	6 759

续表 continued

国家或地区 Country or Territory	1998	1999	2000
赤道几内亚 Eq. Guinea	5 035	5 900	2 558
爱沙尼亚 Estonia	114 836	108 685	109 956
法罗群岛 Faeroe Is.	376 270	358 044	365 802 *
福克兰群岛 Falkland Is.	44 745	39 145	62 927
斐济 Fiji	23 101	31 091	32 000 *
芬兰 Finland	133 686	123 747	126 093
波利尼西亚 Fr. Polynesia	11 353	12 286	13 849
法国 France	531 754	573 571	594 795
加蓬 Gabon	44 609	44 882	37 053
冈比亚 Gambia	26 502	27 500*	26 516
格鲁吉亚 Georgia	2 997	1400*	2 260 *
德国 Germany	243 706	216 057	182 821
加纳 Ghana	368 192	418 276	377 570
希腊 Greece	106 469	115 491	95 847
格陵兰岛 Greenland	128 590	160 253	165 000 *
格林纳达 Grenada	1 713	1 631	1 696
瓜德罗普 Guadeloupe	9 084	9150*	10 100
危地马拉 Guatemala	4 324	4 052	32 777
几内亚 Guinea	65 764	83 314	87 513
几内亚比绍 Guinea-Bissau	6 800*	4 800*	4 800 *
圭亚那 Guyana	56 409	53 241	48 018
海地 Haiti	4 769*	4 500*	4 500 *
洪都拉斯 Honduras	14 762*	7 113	15 259
冰岛 Iceland	1 681 535	1 735 897	1 982 346
印度 India	2 564 602	2 627 367	2 797 682
印度尼西亚 Indonesia	3 383 140	3 855 310	3 811 375
伊朗 Iran	226 500	243 800	260 500
伊拉克 Iraq	13 463	13 093	11 066 *
爱尔兰 Ireland	320 787	282 721	272 270
以色列 Israel	4 136	3 739	3 966
意大利 Italy	310 926	288 719	295 384
牙买加 Jamaica	6 120	8 058	5 226
日本 Japan	5 180 267	5 105 190	4 918 742
肯尼亚 Kenya	6 600	6 634	4 763
基里巴斯 Kiribati	33 858*	48 205	40 000 *
朝鲜 Korea D. P. Rep.	200 000*	190 000*	180 850 *
韩国 Korea Rep.	2 020 089	2 113 352	1 816 034

续表 continued

国家或地区 Country or Territory	1998	1999	2000
科威特 Kuwait	7 799	6 271	6 300 *
拉脱维亚 Latvia	101 830	124 779	135 791
黎巴嫩 Lebanon	3 500	3 540	3 646
利比里亚 Liberia	6 830	11 472	7 726
利比亚 Libya	33 594*	32 450*	33 387 *
立陶宛 Lithuania	19 037	31 879	77 076
马达加斯加 Madagascar	84 394	101 571	102 093
马来西亚 Malaysia	1 149 093	1 248 402	1 285 696
马尔代夫 Maldives	118 183	133 547	132 427
马耳他 Malta	979	1 033	1 039
马尔提尼克 Martinique	5 500	5 000*	6 314
毛里塔尼亚 Mauritania	79 000*	42 811	33 096
毛里求斯 Mauritius	12 026	12 004	9 299
墨西哥 Mexico	1 060 985	1 110 716	1 207 402
密克罗尼西亚 Micronesia	15 388*	11 881*	27 969 *
摩洛哥 Morocco	706 629	743 268	895 012
莫桑比克 Mozambique	27 805	24 823	25 977
缅甸 Myanmar	719 328	721 904	880 018
纳米比亚 Namibia	350 693	297 651	281 465
荷属安的列斯群岛 Neth Antilles	1 020*	900*	19 974 *
荷兰 Netherlands	535 079	512 308	493 524
新喀里多尼亚 New Caledonia	2 880	3 152	3 250 *
新西兰 New Zealand	634 304	592 932	560 235
尼加拉瓜 Nicaragua	18 636	19 449	26 932
尼日利亚 Nigeria	225 622	316 235	309 062
挪威 Norway	2 849 921	2 619 559	2 702 837
阿曼 Oman	100 116	108 809	118 855
巴基斯坦 Pakistan	433 456	474 665	438 361
帛琉群岛 Palau Is.	1 425*	1 800*	2 000 *
巴拿马 Panama	208 816	120 491	223 482
巴布亚新几内亚 Papua New Guinea	54 020*	40 246*	37 037 *
秘鲁 Peru	4 303 110	8 390 645	10 626 323
菲律宾 Philippines	1 681 500	1 726 593	1 741 079
波兰 Poland	224 991	221 236	200 811
葡萄牙 Portugal	223 961	207 707	187 153
波多黎各 Puerto Rico	2 118	2 107	4 154
卡塔尔 Qatar	5 279	4 207	7 142
留尼汪岛 Reunion	6 453	5 812	5 091

续表 continued

国家或地区 Country or Territory	1998	1999	2000
罗马尼亚 Romania	4 431	2 507	2 476
俄罗斯 Russian Fed.	4 183 448	3 833 334	3 681 167
萨摩亚群岛 Samoa Is.	7 232	9 750	13 003
圣多美和普林西比 Sao Tome & Principe	3 305	3 756	3 500 *
沙特阿拉伯 Saudi Arabia	54 174	46 897	49 650
塞内加尔 Senegal	382 872	378 125	379 597
塞舌尔 Seychelles	17 790	37 765	40 183
塞拉利昂 Sierra Leone	48 510	44 927	60 730
新加坡 Singapore	8 155	5 052	5 371
索罗门群岛 Solomon Is.	58 554*	82 334*	23 443 *
索马里 Somalia	15 750*	20 000*	20 000 *
南非 South Africa	557 932	587 101*	642 912 *
西班牙 Spain	1 097 847*	1 158 532	968 200
斯里兰卡 Sri Lanka	236 200	244 630	263 616
苏丹 Sudan	5 500	5 500	6 000 *
苏里南 Suriname	12 760*	12 760*	16 000 *
瑞典 Sweden	409 327	349 775	337 075
叙利亚 Syria	2 750	2 600	2 581
坦桑尼亚 Tanzania	48 000	50 000	52 779
泰国 Thailand	2 708 992	2 778 390*	2 714 175
多哥 Togo	11 655	17 924	17 277
汤加 Tonga	3 903	3 663	3 531
特立尼达和多巴哥 Trinidad & Tobago	14 500*	15 000*	9 661
突尼斯 Tunisia	88 377	91 267	94 718
土耳其 Turkey	432 700	524 907	460 521
特克斯和凯科斯群岛 Turks & Caicos	1 318	1 300*	1 300 *
美国 United States	4 672 851	4 713 232	4 719 982
英国 United Kingdom	918 517	836 049	744 615
乌克兰 Ukraine	457 422	403 318	388 464
阿拉伯联合酋长国 United Arab Em.	114 739	117 607	105 456
乌拉圭 Uruguay	138 678	100 589	114 286
瓦努阿图 Vanuatu	40 915*	94 581*	73 490 *
委内瑞拉 Venezuela	460 142	376 430	346 655
越南 Viet Nam	1 060 660*	1 125 000*	1 280 590
也门 Yemen	110 000*	123 252	114 751

注: *为联合国粮农组织估算值 (表18-3同)。

资料来源: 《渔业统计年鉴》，联合国粮农组织，2000年Vol.90 (表18-3同)。

Note: * is estimated by FAO from available sources of information or calculation based on specific sumptions (Same as Table 18-3).

Source: "Yearbook of Fishery", FAO, Vol. 90, 2000 (Same as Table 18-3).

18-3 国家（地区）海藻和其他养殖品种捕捞产量

Capture Production of Seaweeds and Other Aquatic Plants by Countries or Areas

单位：吨 Unit: ton

国家或地区 Country or Territory	1998	1999	2000
世界总计 World Total	**1 081 800**	**1 202 300**	**1 219 028**
阿根廷 Argentina	2 330*	2350*	3
澳大利亚 Australia	20 811	20 774	13 650
加拿大 Canada	12 489	13 305	14 790
智利 Chile	197 495	230 203	247 376
库克群岛 Cook Is.	50*	50*	50 *
爱沙尼亚 Estonia	2 880	1 319	201
斐济 Fiji	60	67	67 *
法国 France	67 032	72 190	70 336
冰岛 Iceland	17 770	17 850*	17 501
印度 India	100 000*	100 000*	100 000 *
印度尼西亚 Indonesia	16 680	7 830	17 916
意大利 Italy	2 000	2 000	2 000 *
日本 Japan	116 892	120 877	119 030
韩国 Korea Rep.	12 599	12 895	13 030
马达加斯加 Madagascar	2 510	1 933	5 792
墨西哥 Mexico	12 456	32 090	33 555
摩洛哥 Morocco	7 049	5 920	6 080
纳米比亚 Namibia	897	660	829
挪威 Norway	179 762	178 542	192 426
秘鲁 Peru	1 650	1 733	1 312
菲律宾 Philippines	506	433	413
葡萄牙 Portugal	4 840	1 949	1 224
俄罗斯 Russian Fed.	30 279	25 715	53 653
塞内加尔 Senegal	100*	…	…
南非 South Africa	6 000*	6 000*	6 000 *
西班牙 Spain	2 500*	14 818	14 214
坦桑尼亚 Tanzania	4 000	4 500	5 000
乌克兰 Ukraine	314	160	6
英国 United Kingdom	8 000*		
美国 United States	25 689	79 236	42 058

18-4 世界主要外贸海运量（2000年）

World Major Maritime Freight Traffic of Foreign Trade, 2000

	海运量（百万吨） Freight Traffic (million tons)		海运周转量（十亿吨海里） Ton-Kilometer (billion ton-sea mile)	
	2000	所占比例（%） Percentage	2000	所占比例（%） Percentage
合 计 Total	**5 374**	**100.0**	**22 940**	**100.0**
原　油 Crude Oil	1 612	30.0	8 340	36.4
成品油 Refined Oil	412	7.7	2 080	9.1
铁矿石 Ironstone	455	8.5	2 515	11.0
煤　炭 Coal	520	9.7	2 500	10.9
谷　物 Corn	225	4.2	1 210	5.3
其　他 Others	2 150	39.9	6 295	27.3

资料来源：航运统计年鉴(2000)(表18-5，18-6，18-7，18-8同）。

Source: Shipping Statistic Yearbook 2000, ISL (same as Table 18-5,18-6,18-7,18-8).

18-5 世界主要港口集装箱吞吐量（2000年）

World Major Seaports' Container Handled, 2000

单位：万　TEU　Unit: 10 000TEU

港　口 Seaport	所属国家或地区 Country or Territory	吞吐量 Cargo Handled
香港 Hongkong	中国 China	1 809.8
新加坡 Singapore	新加坡 Singapore	1 708.7
高雄 Gaoxiong	中国 China	742.6
鹿特丹 Rotterdam	荷兰 Netherlands	626.8
上海 Shanghai	中国 China	561.2
釜山 Pusan	韩国 Korea Rep.	552.7
洛杉矶 Los Angeles	美国 United States	499.8
长滩 Long Beach	美国 United States	460.1
汉堡 Hamburg	德国 Germany	428.1
安特卫普 Antwerp	比利时 Belgium	408.2
深圳 Shenzhen	中国 China	399.4
丹戎不碌 Tanjung Periuk	印度尼西亚 Indonesia	336.9
巴生港 Kelang	马来西亚 Malaysia	320.7
迪拜 Dubayy	阿联酋 United Arab Em	305.9
纽约及新泽西 New York and New Jersey	美国 United States	305.1
东京 Tokyo	日本 Japan	289.9
弗利克斯托 Flixtau	英国 United Kingdom	285.3
不来梅港 Bremerhaven	德国 Germany	275.2
焦亚陶罗 Jiaoyataoluo	意大利 Italy	265.3
横滨 Yokohama	日本 Japan	231.7

18-6 港口货物吞吐量居世界前20位的港口（2000年）

The World First Twenty Seaports of Cargo Handled, 2000

单位：万吨　Unit: 10 000 tons

港　口 Seaport	所属国家或地区 Country or Territory	吞吐量 Cargo Handled
新加坡 Singapore	新加坡 Singapore	32 559.1 *
鹿特丹 Rotterdam	荷兰 Netherlands	31 996.9 *
南路易斯安那 Southern Louisiana	美国 United States	22 258.7
上海 Shanghai	中国 China	20 440.0
香港 Hongkong	中国 China	17 464.2 *
千叶 Chiba	日本 Japan	16 904.3
休斯敦 Houston	美国 United States	15 876.0 *
名古屋 Nagoya	日本 Japan	15 337.0
蔚山 Ulsan	韩国 Korea Rep.	15 106.7 *
光阳 Gwang	韩国 Korea Rep.	13 947.6 *
安特卫普 Antwerp	比利时 Belgium	13 053.1
长滩 Long Beach	美国 United States	12 483.0
仁川 Inchon	韩国 Korea Rep.	12 039.8
釜山 Pusan	韩国 Korea Rep.	11 722.9
横滨 Yokohama	日本 Japan	11 699.4
宁波 Ningbo	中国 China	11 547.0
高雄 Gaoxiong	中国 China	11 528.7
洛杉矶 Los Angeles	美国 United States	11 390.0
广州 Guangzhou	中国 China	11 128.0
秦皇岛 Qinhuangdao	中国 China	9 743.0

注：* 仅指外贸货物吞吐量，其他则为内外贸货物吞吐量。

Note: * This datum indicates foreign trade cargo handled, the others indicate domestic and foreign trade cargo handled.

18-7 海上商船拥有量居世界前20位的国家或地区（2000年）

The World First Twenty Countries or Territories of Maritime Merchant Ships, 2000

国家或地区 Country or Territory	合计 Total		本国旗船 National Flag Ships		外国旗船 Foreign Flag Ships	
	艘数（艘） Number of Vessels	载重吨（万吨） Deadweight Tons (10 000 tons)	艘数（艘） Number of Vessels	载重吨（万吨） Deadweight Tons (10 000 tons)	艘数（艘） Number of Vessels	载重吨（万吨） Deadweight Tons (10 000 tons)
世界合计 World Total	**26 192**	**72 781.3**	**13 072**	**27 348.1**	**13 120**	**45 433.2**
希腊 Greece	3 225	14 216.0	764	4 232.2	2 461	9 983.8
日本 Japan	2 830	9 803.9	702	1 516.3	2 128	8 287.6
挪威 Norway	1 375	5 743.6	694	2 705.4	681	3 038.2
美国 United States	855	4 160.7	235	913.5	620	3 247.2
中国 China	1 992	3 986.5	1 431	2 167.6	561	1 818.9
中国香港 Hongkong, China	540	3 546.5	162	872.7	378	2 673.8
德国 Germany	2 056	3 251.9	449	770.4	1 607	2 481.5
韩国 Korea Rep.	815	2 539.7	398	735.3	417	1 804.4
新加坡 Singapore	700	1 981.8	443	1 239.1	257	742.7
中国台湾 Taiwan, China	508	1 861.2	156	734.3	352	1 126.9
丹麦 Denmark	639	1 788.9	347	772.3	292	1 016.6
英国 United Kingdom	612	1 772.4	244	731.2	368	1 041.2
俄罗斯 Russian Fed.	1 644	1 423.8	1 331	699.8	313	724.0
意大利 Italy	572	1 272.2	448	850.4	124	421.8
印度 India	312	1 158.2	267	1 009.4	45	148.8
沙特阿拉伯 Saudi Arabia	109	1 047.0	48	104.3	61	942.7
瑞典 Sweden	344	1 026.8	160	150.1	184	876.7
土耳其 Turkey	549	871.8	447	774.4	102	97.4
伊朗 Iran	145	708.7	144	701.0	1	7.7
巴西 Brazil	166	696.6	152	561.1	14	135.5

注：1. 部分数据未经核实，仅供参考。

2. 本表按船舶所属母公司所在地统计，范围为1000总吨及其以上船舶，截止日期均为2001年1月1日。

Note: 1. Some data in the table have not been verified and are presented here just for reference.

2. Statistics are made in this table by the seats of the parent companies to which the ships belong, covering the ships 1 000 tons and more. The closing date is Jan. 1, 2001.

18-8 海上商船灭失量居世界前20位的国家或地区（2000年）
The World First Twenty Countries or Territories of Destroyed Maritime Merchant Ships, 2000

国家或地区 Country or Territory	艘数 (艘) Number of Vessels	总吨 grt	
		万吨位 10 000 tons	占世界（%） Percentage
世界总计 World Total	**99**	**81.5**	**100.0**
巴拿马 Panama	17	23.2	28.4
马耳他 Malta	6	15.5	19.1
塞浦路斯 Cyprus	6	8.8	10.8
圣文森特 St.Vincent	11	7.2	8.9
利比里亚 Liberia	5	4.6	5.6
印度尼西亚Indonesia	3	4.4	5.4
土耳其 Turkey	5	1.5	1.9
中国 China	3	1.4	1.7
罗马尼亚 Rumania	2	1.2	1.5
韩国 Korea Rep.	4	0.9	1.1
俄罗斯 Russian Fed.	3	0.8	0.9
泰国 Thailand	2	0.7	0.9
希腊 Greece	2	0.6	0.7
伯利兹 Belize	3	0.5	0.6
意大利 Italy	1	0.4	0.5
安提瓜和巴布达 Antigua & Barbuda	2	0.4	0.5
洪都拉斯 Honduras	3	0.3	0.4
叙利亚 Syria	3	0.3	0.4
挪威 Norway	1	0.2	0.2
巴哈马 Bahamas	1	0.1	0.2
其他 Others	16	8.5	10.3

注：统计范围为500总吨及其以上船舶。

Note: Data of the table refer the gross tonnage vessels ≥ 500 tons and more.

附录　主要指标解释

EXPLANATORY NOTES ON MAJOR STATISTICAL INDICATORS

1. 沿海地区　是指有海岸线（大陆岸线和岛屿岸线）的地区，按行政区划分为沿海省、直辖市、自治区。

2. 沿海城市　是指有海岸线的城市，包括直辖市和地级市。

3. 沿海区　是指直辖市中有海岸线的区。

4. 沿海县　是指有海岸线的县和县级市。

5. 国内生产总值　指一个国家（或地区）所有常驻单位在一定时期内生产活动的最终成果。国内生产总值有三种表现形态，即价值形态、收入形态和产品形态。从价值形态看，它是所有常驻单位在一定时期内生产的全部货物和服务价值超过同期中间投入的全部非固定资产货物和服务价值的差额，即所有常驻单位的增加值之和；从收入形态看，它是所有常驻单位在一定时期内创造并分配给常驻单位和非常驻单位的初次收入分配之和；从产品形态看，它是所有常驻单位在一定时期内最终使用的货物和服务价值与货物和服务净出口价值之和。在实际核算中，国内生产总值有三种计算方法，即生产法、收入法和支出法。三种方法分别从不同的方面反映国内生产总值及其构成。

6. 三次产业　是根据社会生产活动历史发展的顺序对产业结构的划分，产品直接取自自然界的部门称为第一产业，对初级产品进行再加工的部门称为第二产业，为生产和消费提供各种服务的部门称为第三产业。它是世界上较为通用的产业结构分类，但各国的划分不尽一致。我国的三次产业划分是：

第一产业：指农业(包括种植业、林业、牧业、副业和渔业)。

第二产业：指工业(包括采掘工业、制造业、自来水、电力、蒸气、热水、煤气)和建筑业。

第三产业：指除第一、第二产业以外的其他各业。由于第三产业包括的行业多、范围广，根据我国的实际情况，第三产业可分为两大部门：一是流通部门，二是服务部门。具体又可分为四个层次。

第一层次：流通部门，包括交通运输业、邮电通讯业、批发和零售贸易及仓储。

第二层次：为生产和生活服务的部门，包括金融保险业、地质勘查业、水利管理业，房地产业、社会服务业、农林牧渔服务业和综合技术服务业等。

第三层次：为提高科学文化水平和居民素质服务的部门，包括教育、文化、广播电视、研究、卫生、体育和社会福利事业等。

第四层次：为社会公共需要服务的部门，包括国家机关、党政机关、社会团体以及军队和警察等。

7. 工业总产值　是以货币形式表现的工业企业在一定时期内生产的已出售或可供出售的工业产品总量，它反映一定时间内工业生产的总规模和总水平。它包括：在本企业内不再进行加工，经检验、包装入库（规定不需包装的产品除外）的成品价值，对外加工费收入，自制半成品、在产品期末期初价值差额。工业总产值采用工厂法计算，即以工业企业作为一个整体，按企业工业生产活动的最终成果来计算，企业内部不允许重复计算，不能把企业内部各个车间（分厂）生产的成果相加。但在企业之间、行业之间、地区之间存在着重复计算。

8. 农业总产值　指以货币表现的农、林、牧、渔业全部产品的总量，它反映一定时期内农业生产的总规模和总成果。农业总产值的计算方法通常是按农林牧渔业产品及其副产品的产量分别乘以各自单位产品价格求得；少数生产周期较长，当年没有产品或产品产量不易统计的，则采用间接方法匡算其产值，然后将四业产品产值相加即为农业总产值。

农业：包括农作物种植业和其他农业。

林业：包括林木栽培(不包括茶园、桑园和果园的栽培、管理和收获等活动)、林产品的采集和村及村以下合作经济组织和农户的竹木采伐。

牧业：包括除渔业养殖以外的一切动物的饲养和放牧以及野生动物的捕猎和饲养。

渔业：包括水生动物和海藻类植物的养殖和捕捞。

9. 增加值 是指各行各业生产经营和劳务活动的最终成果，采用生产法和收入法两种方法计算。

生产法 是从货物和服务活动在生产过程中形成的总产品入手，剔除生产过程中投入的中间产品价值，得到新增价值的方法。

收入法 又称分配法。按收入法计算国内生产总值是从生产过程创造的收入的角度对常驻单位的生产活动成果进行核算；按照此法计算，增加值由劳动者报酬、固定资产折旧、生产税净额和营业盈余四个部分组成。

10. 年末总人口 是指每年 12 月 31 日 24 时一定地区范围内的有生命的个人的人口总和。

11. 农业人口 是指依靠从事农业(包括牧、渔、林业)生产维持生活的人口及由他们抚养的人口。

12. 非农业人口 是指依靠从事农业以外的职业维持生活的人口及他们抚养的人口。

13. 社会从业人员 是指从事一定社会劳动并取得劳动报酬或经营收入的人员，包括全部职工、再就业的离退休人员、私营业主、个体户主、私营和个体从业人员、乡镇企业从业人员、农村从业人员和和其他从业人员（包括民办教师、宗教职业者、现役军人等)。这一指标反映了一定时期内全部劳动力资源的实际利用情况，是研究我国基本国情国力的重要指标。

14. 单位从业人员 指在各级国家机关、党政机关、社会团体及企业、事业单位中工作，取得工资或其他形式的劳动报酬的全部人员。包括在岗职工、再就业的离退休人员、民办教师以及在各单位中工作的外方人员和港澳台方人员、兼职人员、借用的外单位人员和第二职业者，不包括离开本单位仍保留劳动关系的职工。各单位从业人员反映了各单位实际参加生产或工作的全部劳动力。

15. 海洋产业 是指人类利用海洋资源和空间所进行的各类生产和服务活动。分为以下五个方面。

（1）从事直接从海洋获取产品的生产和服务；

（2）从事直接从海洋获取的产品的一次加工生产和服务；

（3）从事直接应用于海洋的产品的生产和服务；

（4）利用海水或海洋空间作为生产过程的基本要素所进行的生产和服务；

（5）海洋科学研究、教育、技术服务和管理。

16. 其他海洋产业 是指《中华人民共和国海洋行业标准》(HY/T 052-1999)中规定的(十二个主要海洋产业除外)所有海洋产业。如滩涂林业、海洋水文、气象仪器、仪表制造业、海水淡化业、海水直接利用业、海洋社会服务业等，统计范围及内容参照《中华人民共和国海洋行业标准》(HY/T 052-1999)。

17. 海洋产业总产值 是指各类海洋产业总产值之和。目前海洋产业总产值是指海洋水产、海洋石油、海滨砂矿、海洋盐业、海洋化工、海洋药物、海洋电力、沿海造船、海洋建筑、海洋交通运输、沿海旅游、海洋服务、其他海洋产业等产业总产值之和。

18. 利税总额 计算方法为

利税总额=利润总额+应交增值税+产品销售税金及附加

19. 企业个数 是指具有法人资格的独立核算企业的个数。

20. 海洋水产品产量 是指从海洋和海水养殖水域中捕捞的海水产品产量。包括海水中的鱼类、虾蟹类、贝类、藻类以及其他海水产品。

鱼类：包括各种海洋鱼类，如大黄鱼、小黄鱼、带鱼、鳓鱼、马鲛、鲳鱼、鲷鱼、鲐鱼、蓝圆鲹、鳀鱼、远东拟沙丁鱼、太平洋鲱、海鳗、石斑鱼、梭鱼、金线鱼、马面鲀等。

虾蟹类：包括各种海水虾和蟹，如对虾、鹰爪虾、龙虾、毛虾、梭子蟹、青蟹等。

贝类：包括墨鱼、鱿鱼、牡蛎、蚶、蛤、贻贝、扇贝、鲍鱼、红螺以及其他经济价值较高的贝类。

藻类：包括海带、紫菜、裙带菜、石花菜、海箩、麒麟菜、江蓠以及其他经济价值较高的藻类。

其他海水产品：包括海蜇、海参、海兽、珍珠等海水经济动植物。

21. 海洋捕捞产量 凡是从海洋里捕捞的天然生长的水产品产量为捕捞产量。

22. 海水养殖产量 凡是从人工投放苗种或天然纳苗并进行人工饲养管理的海水养殖水域中捕捞的水产品产量为海水养殖产量。

23. 海水养殖面积 是指利用滩涂、浅海、港湾进行鱼、虾、蟹、贝、藻等海水经济动植物的人工养殖的水面面积。在报告期内无论是否收获其产品，均应统计在海水养殖面积中。但有些滩涂、水面不投放苗种或投放少量苗种，只进行一般管理的，不统计为养殖面积。

浅海养殖：是指在可养殖的浅海中进行海水经济动植物养殖。

港湾养殖：是指利用港、湾，或在海边、河口附近的滩涂、洼地拦闸筑堤进行海水养殖。

滩涂养殖：是指利用位于海边潮间带的软泥或砂泥地带加以平整、筑堤、建坝等进行海水养殖。

24. 海洋水产加工业 海洋水产加工品是指采用各种生产技术和工艺，防止水产品腐败变质，保持原有营养成分和独特风味，或改变水产品原始性状，制成各种用途的产品。从事海洋水产加工品生产的企业称为海洋水产加工企业。水产品加工能力是指建厂时设计的及后来改扩建新增的年加工处理水产品的能力。水产加工品种类包括冷冻水产品、干制品、腌熏制品、罐制品、鱼糜及鱼糜制品、动物蛋白饲料、水产动物内脏制品助剂和添加剂、水产调味品、医药品及其他水产加工品。

25. 海洋水产业总产值 仅指海水水产品产值与海洋水产工业产值之和。

26. 海水水产品产值 是以货币形式表现的一定时期（通常为一年）海洋捕捞养殖水产品的总量。包括：（1）人工养殖的水生动物和海藻的产值；（2）天然水生动物捕捞和天然海藻采集的产值。

27. 海洋水产工业产值 是指海洋水产加工产值、渔船渔机仪器修造产值与渔用网绳制造产值之和。

28. 渔船拥有量 是指海洋水产行业内各种经济类型包括国有、集体、个体私营、合作联营等形式（中外合作经营船属中方所有）的企业和单位年末所拥有的用于海洋渔业生产的机动和非机动船。水产科研单位、学校从事水产科研考察和实习用的渔船以及商业部门的收购运输船不包括在内。

29. 海洋机动渔船 是指配置机器作为动力的从事海洋渔业生产和辅助渔业生产的船舶。

总吨 是根据国际海事组织船舶吨位丈量公约的有关条款确定船舶吨位的一种计量单位。它以船舶容积每 2.83 米^3（或 100 英尺^3）为 1 吨。

30. 渔业乡、渔业村 在沿海地区，凡经营方针以海洋渔业为主，从事海洋渔业生产的劳动力占全部劳动力（均按整劳动力计算）60%以上的乡、村，即为海洋渔业乡和渔业村，有的乡、村从事渔业生产的劳动力数量达不到上述比重，但经营方针一向是以海洋渔业为主，并经上级主管部门批准定为海洋渔业乡、村的，亦可统计为海洋渔业乡和渔业村。

31. 渔业人口 是指直接从事渔业生产活动的劳动者及其赡（抚）养的人口。具体包括：

（1）直接从事海洋渔业的捕捞、养殖、后勤生产的在业人口；

（2）兼营海洋渔业和其他非海洋渔业劳动者中，凡从事渔业生产活动时间全年累计达到或超过 3 个月者，或者虽全年累计不足 3 个月，但渔业纯收入占纯收入总额比重超过 50%者；

（3）渔业户中被赡（抚）养的人口；

（4）在既有渔业劳动者又有非渔业劳动者的家庭中，根据渔业与非渔业纯收入比例分摊的被渔业劳动者赡（抚）养的人口。

32. 渔业劳动力 凡是从事渔业生产活动时间全年累计达到或超过 3 个月，且年龄在 16 周岁以上者（不包括 16 周岁以上的在校学生），均统计为渔业劳动力。

33. 海洋石油天然气工业总产值 根据目前海洋石油企业的状况，计算海洋石油企业工业总产值的范围为原油、天然气或油（气）加工后作为商品销售的成品、半成品价值以及其他符合国家规定的工业产品和工业性作业的价值。其计算方法为

报告期按不变价计算的工业总产值=报告期产品产量×不变价格

报告期按当年价计算的工业总产值=Σ（销售量×销售单价）+期末库存量×报告期平均销售单价—期初库存量×上期平均销售单价

34. 原油产量 是按净原油量来计算的，能直接用于销售和生产自用的原油量。目前海洋石油系统原油产量计算方法采用倒算法。

原油产量=销售量+期末库存量－期初库存量+海上平台及陆地终端处理厂自用量。

35. 天然气产量 指进入集输管网的销售量和就地利用的全部气量。

天然气产量=外输（销）量+企业自用量

36. 海洋原油出口量 指销往国外的产品数量。

37. 海洋原油出口创汇额 指产品销往国外的归中方所有的全部外汇收入。以美元或万美元表示。

38. 原油总产值 指以货币形式表现的原油产品价值的总量。

原油总产值（不变价）=报告期原油产量×原油不变价

原油总产值（当年价）=报告期原油产量×报告期原油销售价格

39. 天然气总产值 指以货币形式表现的天然气产品价值的总量。

天然气总产值（不变价）=报告期天然气产量×天然气不变价

天然气总产值（当年价）=报告期天然气产量×报告期天然气销售价格

40. 海滨砂矿 包括在砂质海岸或近岸海底开采的金属砂矿和非金属砂矿，主要品种有：铁矿砂、锡石矿砂、砂金和稀有金属砂矿（金红石、钛铁矿、锆英石和独居石等）、金刚石砂矿、砾以及非金属建筑材料等。

41. 盐田总面积 系指盐田占有的全部面积，包括生产上已供储水、蒸发、结晶使用的土地面积，滩内的沟、壕、池埝、滩坨等面积和滩外的沟、壕、公路以及可以利用并有改扩建条件的杂地面积。

42. 盐田生产面积 指海盐生产中供储水、蒸发、结晶使用的土地面积与滩内沟、壕、池埝及滩坨面积之和。

43. 年末原盐生产能力 指年末企业生产原盐的全部设备的综合平衡能力。海盐生产露天作业，受天气影响，因而计算生产能力时，成熟滩田按 10 年实际平均单位生产面积产量乘以本年成熟滩田生产面积而得，新滩田按设计能力及滩田成熟程度可能达到的产量计算。

44. 海洋化工业 指以海盐、溴素、钾、镁等直接从海水中提取的化学物质作为原料进行的一次加工产品的生产，包括烧碱、氢氧化钠、纯碱、碳酸氢钠以及其他碱类的生产；还包括以制盐副产物为原料进行的氯化钾和硫酸钾的生产；或溴素加工产品以及碘等其他元素的加工产品的生产。

45. 海洋生物制药和保健品业 指从海洋生物中提取有效成分加工生产药品及保健品的行业。

46. 海洋电力和海水利用业 包括利用海洋中的潮汐能、波浪能、热能、海流能、风力能、盐差等天然能源所进行电力生产、利用海水进行淡水生产和将海水应用于工业生产和城市用水的行业。

47. 造船综合吨 等于以载重吨数为计算单位的和以满载排水量吨数为计算单位的民用船舶的吨数之和。

48. 海洋工程建筑业 是指从事海港、滨海电站、海岸、堤坝等海洋、海岸工程建筑的行业。

49. 货运量 指经船舶实际运送的货物重量，按到达量统计。

50. 货物周转量 指实际运送的货物与其运送距离的乘积。

51. 集装箱运量 既包含货重,也包含箱重。箱重系指承运租用的空箱重量凡有运费收入的空箱，其重量应统计为运量,按空箱 1 吨为货运量 1 吨计算；若无收入，所承运的空箱一律不作运量统计。

52. 集装箱货重 指使用集装箱运输的货物的实际重量。

53. 客运量 指经船舶实际运送的旅客人数，按到达量统计。

54. 旅客周转量 指实际运送的旅客人数与其运送距离的乘积。

55. 海洋运输船舶 指进行海洋运输活动的船舶。非海洋运输船舶及农业、渔业生产用船舶不包括在内。

56. 总载重量 指船舶达到满载吃水线时所能载运的最大载重吨位数。

总载重量=满载排水量－空船排水量

57. 净载重量 亦称定额载重量。是指船舶用于载运货物的额定吨位数。

净载重量=总载重量－燃物料－淡水等给养－船舶常数

船舶常数：是指船舶在营运中残留的污水、压舱水和船壳寄生物等。

58. 载客量 船舶用于载运旅客的载客定额数。不包括船员自用的铺位。

59. 标准箱位 是集装箱船舶用于统计运货能力的一项指标，以“TEU”表示。TEU 意即以装载的 20 英尺标准箱的箱数。不同型号的国际标准集装箱按 TEU 折算系数如下:

箱 型	数量	折合 TEU
45 英尺箱	1	2.25
40 英尺箱	1	2
35 英尺箱	1	1.75
20 英尺箱	1	1
10 英尺箱	1	0.5

60. 功率 指机动船舶主机的额定功率,以千瓦表示。1 千瓦=1.359 6 马力

61. 货物吞吐量 指经水运进出港区范围，并经过装卸的货物数量，包括邮件及办理托运手续的行李、包裹以及补给运输船舶的燃、物料和淡水。货物吞吐量按货物流向分为进口、出口吞吐量，按货物交流性质分为外贸货物吞吐量和国内贸易货物吞吐量。货物吞吐量的货类构成及其流向，是衡量港口生产能力大小的重要指标。

62. 旅客吞吐量 是指由水运乘船进、出港区范围的旅客人数。旅客吞吐量应包括乘旅游船进、出港口的旅客人数，但不包括港区内的轮渡及短途客运的旅客人数、免票儿童及各船舶的船员人数。计量单位为人次。

63. 营运收入 指海洋交通运输企业的业务经营收入总额。包括运输收入、装卸收入以及其他营业收入。

64. 码头长度 是指港口设有系靠船舶设施,专用于靠泊船舶,进行装卸货物或上下旅客的地段长度。包括固定和浮动码头的长度，但不包括各种护岸和自然岸坡的长度。计算码头长度时，固定式码头为自码头的一端至另一端的全部长度；浮式码头,只计算本身的正面长度,不包括浮码头两端及其内档长度。

65. 泊位个数 是指设有系靠船舶设施，在同一时间内可供靠泊最大吨级船舶的艘数。即可靠泊一艘船舶，则计为一个泊位，余类推。泊位分码头泊位和浮筒泊位。

66. 万吨级泊位数 指能靠泊万吨级及其以上吨级船舶的泊位。

67. 对外开放一类水运口岸 是指由国务院批准开放的口岸（包括中央管理的口岸和由省、市、自治区管理的部分口岸）。

68. 接待人次数 指来我国探亲访友、度假、观光、参加会议或从事经济、文化、体育、宗教等活动的外国人、华侨、港澳台同胞人数。包括过夜人数和不过夜人数。统计时旅游者每入境一次统计一次。

69. 接待人天数 指过夜旅游者的停留天数。

70. 外国人 指外国国籍的人，加入外籍的中国血统华人也计入外国人。

71. 港澳台同胞 指居住在我国香港、澳门地区和台湾省的中国同胞。

72. 国际旅游外汇收入 入境旅游者在中国（大陆）境内旅行、游览过程中用于交通、参观游览、住宿、餐饮、购物、娱乐等的全部花费。

73. 客房数 指饭店实际可用于接待旅游者的房间数。

74. 床位数 指饭店实际可用于接待旅游者的床位数。

75. 海洋信息咨询服务业 包括海洋资源、环境、经济等信息的咨询和服务，例如海洋社会调查、海洋预报（海洋气象、环境预报、灾害信息）及海洋资料文献服务、海洋计算机应用服务等。

76. 高级职称 指研究员、副研究员；教授、副教授；高级工程师；高级农艺师；正、副主任医（药、护、技)师；高级实验师；高级统计师；高级经济师；高级会计师；编审(正、副编审)；译审(正、副译审)、高级(主任)记者；正、副研究馆员等。

77. 中级职称 指助理研究员；讲师；工程师；农艺师；主治医(药、护、技)师；实验师；统计师；经济师；会计师；编辑；翻译；记者；馆员等。

78. 初级职称 指研究实习员；助教；助理工程师、技术员；助理农艺师、农业技术员；医(药、护、技)师、医(药、护、技)士；助理实验师、实验员；助理统计师、统计员；助理经济师；助理会计师、会计员；助理编辑、见习编辑；助理翻译；助理记者；助理馆员、管理员等。

79. 基础研究 为获得新知识而进行的独创性研究。其目的是揭示观察到的现象和事实的基 7 本原理和规律，而不以任何特定的实际应用为目的。

80. 应用研究 为获得新的科学技术知识而进行的独创性研究。它主要针对某一特定的实际应用目的。应用研究通常是为了确定基础研究成果或知识的可能的用途，或是为达到某一具体的、预定的实际目的确定新的方法(原理性)或途径。

81. 实验发展 利用从研究或实际经验获得的知识，为生产新的材料、产品和装置，建立新的工艺和系统，以及对已生产或建立的上述各项进行实质性的改进而进行的系统性工作。

82. 成果应用 为解决 R&D 活动阶段产生的新产品、新装置、新工艺、新技术、新方法、新系统和服务等能投入生产或在实际应用中所存在的技术问题而进行的系统性活动。它不具有创新成分。此类活动包括为达到生产目的而进行的定型设计和试制，以及为扩大新产品的生产规模和探索新方法、新技术、新工艺等的应用领域而进行的适应性试验。

83. 科技服务　与科学研究与实验发展有关，并有助于科学技术知识的产生、传播和应用的活动。包括为扩大科技成果的使用范围而进行的示范性推广工作；为用户提供科技信息和文献服务的系统性工作；为用户提供可行性报告、技术方案、建议及进行技术论证等技术咨询工作；自然、生物现象的日常观测、监测，资源的考查和勘探；有关社会、人文、经济现象的通用资料的收集，如统计、市场调查等，以及这些资料的常规分析与整理；为社会和公众提供的测试、标准化、计量、计算、质量控制和专利服务，不包括工商企业为进行正常生产而开展的上述活动。

84. 生产性活动　由于业务特殊的工艺设备条件，或掌握某种技术专长或诀窍，所进行的小量非常规生产。

85. 海洋科研机构　指有明确的研究方向和任务，有一定水平的学术带头人和一定数量、质量的研究人员，有开展研究工作的基本条件，长期有组织地从事海洋研究与开发活动的机构。

86. 海洋教育机构　指设有海洋专业的高等院校和中等专业学校。

87. 海洋专业　指高等院校和中等专业学校所设的与海洋有关的专业。

88. 工业废水排放量　指经过企业厂区所有排放口排到企业外部的工业废水量。包括生产废水、外排的直接冷却水、超标排放的矿井地下水和与工业废水混排的厂区生活污水,不包括外排的间接冷却水(清污不分流的间接冷却水应计算在内)。

89. 直接排入海的工业废水量　指经企业位于海边的排放口, 直接排入海中的废水量。直接排入是指废水经过工厂的排污口直接排入海,而未经过城市下水道或其他中间体,也不受其他水体的影响。

90. 工业废水处理量　指报告期内各种水治理设施实际处理的工业废水量,包括处理后外排的和处理后回用的工业废水量，虽经处理但未达到国家或地方排放标准的废水量也应计算在内。计算时,如遇车间和厂排放口均有治理设施,并对同一废水分级处理时,不应重复计算工业废水处理量。

91. 工业废水处理率　指工业废水处理量占需要处理的工业废水量的百分率。其计算公式是:

工业废水处理率 =（工业废水处理量 / 需处理的工业废水量）×100%

式中，需处理工业废水量 =工业废水排放量+工业废水处理回用量—(工业废水排放达标量—工业废水处理排放达标量)

92. 工业废水排放达标量　指各项指标都达到国家或地方排放标准的外排工业废水量,包括经过处理后外排达标的和未经处理外排达标的两部分。国家排放标准见 GB 8978--88。

93. 工业废水处理排放达标量　指经过各种水治理设施处理后达到国家或地方排放标准的废水排放量。

94. 工业固体废物处置量　指将固体废物焚烧或者最终置于符合环境保护规定要求的场所并不再回取的工业固体废物量(包括当年处置往年的工业固体废物累计贮存量)。

95. 工业固体废物排放量　指将所产生的固体废物排到固体废物污染防治设施、场所以外的量。不包括矿山开采的剥离废石和掘进废石(煤矸石和呈酸性或碱性的废石除外)。

96. 当年开工污染治理项目数　指报告期内由国家、部门、地方或企业单位安排开工的，并以治理废水、废气、固体废物、噪声和其他(如电磁波、恶臭等)环境污染的环境治理工程的总数。不包括“三同时”项目。

97. 当年竣工项目数 指报告期内竣工投入运行的治理废水、废气、固体废物、噪声及其他污染的环境工程项目的总数。

1.Coastal Region refers to the regions with coastlines (continental and island coastlines, which are divided into the coastal provinces (municipalities directly under the Central Government and autonomous regions) according to the administrative zoning.

2.Coastal City refers to the cities with coastlines, including the municipalities directly under the Central Government and the prefecture-level cities.

3.Coastal District refers to the districts with coastlines within the municipalities directly under the Central Government.

4.Coastal County refers to the counties and county-level cities with coastlines.

5.Gross Domestic Product (GDP) refers to the final result of the primary distribution of the income created by all the resident units of a country (or a region) during a certain period of time. Gross domestic product is expressed in three different forms, i.e. value, income, and products respectively. The form of value refers to the total value of all products and services produced by all resident units during a certain period of time minus total value of intimidate input of materials and services of the nature of non-fixed assets or the summation of the value added of all resident units: the form of income includes all the income created by all resident units and distributed primarily to all resident and non-resident units; the form of products during a given period of time. In the practice of national accounting, gross domestic product is calculated with three approaches, i.e.production approach, income approach, and expenditure approach, which reflect gross domestic product and its composition from different aspects.

6.Three Industries Industry structure has been classified according to the historical sequence of development. Primary industry refers to extraction of natural resources; secondary industry involves processing of primary products; and tertiary industry provides services of various kinds for production and consumption. The above classification is universal although it varies to some extent form country to country. Industry in China comprises:

Primary industry: agriculture (including farming, forestry, husbandry, sideline production, and fishing).

Secondary industry: industry (including mining, manufacture, water supply, electricity generation and supply, steam, hot water, gas) and construction.

Tertiary industry: all other industries not included in primary or secondary industry.

Owing to the fact that the tertiary industry involves a large variety of industries in China, it is divided into two sectors : circulation sector and service sector, and further into four levels.

The first level: circulation sector, including transportation, postal service and communication, commerce, catering, material supply and distribution, and storage.

The second level: service sector providing service for production and consumption, including banking, insurance, geological survey, real estates, public utilities, service for residents, consultant service, and comprehensive technical services, and service for agriculture, forestry, husbandry, fishing, water conservancy, and maintenance of roads, internal water ways, etc.

The third level: service for improving education and cultural life of people, including education, culture, broadcasting, television, scientific research, health, sports, and social welfare, etc.

The fourth level: sector providing service for public needs, including government agencies, political and party institutions, social organizations, armies, and policemen.

7.Gross Output Value of Industry is the total volume of industrial products sold or available for sale in value terms which reflects the total achievements and overall scale of industrial production during a given period. It includes the value of the finished products, which are not to be further processed in the enterprises and have been inspected, packed and put in storage, the value of industrial services rendered to other units, and the changes in the value of the semi-finished products and products in process between the beginning and closing of the period. The gross industrial out-put value is calculated with "factory method". No double calculations are to be made within the same enterprise. However, double counting does occur among differentment enterprises.

8.Gross Output Value of Agriculture refers to the total value of products of farming, forestry, animal husbandry and fishery, which reflects the total scale and result of agricultural production during a given period. Gross output value of agriculture is obtained by first multiplying the output of each product or by product by its price, resulting in the output value of each single item. For a small number of products, annual output of which is not available or difficult to the long production growing process involved, the output value is estimated through an indirect approach. The sum of output value of all products of farming, forestry, animal husbandry, and fishery is then equal to the gross output value of agriculture.

Agriculture: crops planting and other agriculture.

Forestry: cultivation of forest trees (not including such activities as cultivation, management and harvesting of tea plantation, mulberry field and orchards), collection of forest products as well as felling of trees and bamboo by the cooperative economic organizations of the villages of those below the villages and peasant households.

Animal husbandry: all animal rearing and grazing as well as hunting and rearing of wild animals other than fishery culture.

Fishery: culture and catching of aquatic animals and algae-type plants.

9.Added Value refers to the final result of production operation and labor activities of all trades and professions, which is calculated by using the methods of production and income.

Production Method: refers to the method whereby to get the newly added value by proceeding from the gross product of goods and service activities occurring in the course of production and then rejecting the value of intermediate product input in the course of productions.

Income Method: is also called the distribution method. The calculation of the gross domestic product (GDP) by the income method is the accounting of the result of productive activities of permanent units from the angle of the income created in the course of production. According to this method, the added value is composed of the payment for laborers, depreciation for fixed assets, net tax on production and business surplus.

10.Total Population by the End of the Year refers to the sum of living individuals in the particular range of area at 24:00 on December 31 of each year.

11.Agricultural Population refers to the population which depends on being engaged in agriculture (including animal husbandry, fishery and forestry production) for maintaining its livelihood as well as the population which it brings up.

12.Non-Agricultural Population refers to the population which depends on being engaged in occupations other than agriculture for maintaining its livelihood as well as the population it brings up.

13.Social Employed Population refers to the persons who are engaged in social labour and receive remuneration payment or earn business income, including: total staff and workers, re-employed retirees, employers of private enterprises, self-employed workers, employees in private enterprises and individual economy, employees in the township enterprises, employed persons in the rural areas, other employed persons(including teachers in the schools run by the local people, people engaged in religious profession and the servicemen, etc.). This indicator reflects the actual utilization of total labour force during a certain period of time and is often used for the research on China's economic situation and national power.

14.Persons Employed in Various Units refer to all the persons working in government agencies of various levels, political and party organizations, social organizations, enterprises and institutions, and receiving wages or other forms of payment. They include fully-employed staff and workers, re-employed retirees, teachers in schools run by the local people, foreigners and Chinese compatriots form Hong Kong, Macao, and Taiwan working in various units, part-time employees, employees of other units working temporarily at current posts, and employees holding the second job, but exclude staff and workers who have left their working units while keeping their labour contract (employment relation) unchanged. This indicator reflects the total number of laborers actually engaged in production or other operations in various units.

15.Marine Industry refers to the various kinds of productive and service activities by man to use marine resources and the space, which fall into the following five categories: (1)the production and service to directly obtain products from the ocean; (2)the primary processing of and service for the products directly obtained from the ocean; (3)the production and service directly applied to the products from the ocean; (4)the production and service carried out with the utilization of seawater and marine space as the basic elements in the production process; (5)marine scientific research, education, technical service and management.

16.Other marine industries refer to all the marine industries as provided for in the Marine Industrial Criteria of People's Republic of China (HY/T 052-1999) (except the 12 major marine industries), such as tidal-flat forestry, other marine equipment manufacturing industries (e.g. marine hydrological and meteorological instruments manufacturing industries), marine geological prospecting industry, marine social service, etc..

17.Gross Output Value of Marine Industry refers to the sum total of output value of various types of marine industry. At present, the gross output value of marine industry refers to the sum of the output values of such industries as marine fisheries, offshore oil and natural gas, beach placer, sea salt-making industry, marine chemical industry, marine medicines, marine electric power, coastal shipbuilding, marine architecture, marine communications and transportation, coastal tourism, marine service as well as other marine industries.

18.Total Pre-Tax Profits The calculating method is as follows:

Profits + Tax on Added Value + Tax on States and Surtax

19.Number of Enterprises refers to the number of independent accounting enterprises with qualifications of an artificial person.

20.Marine Aquatic Products refers to the output of marine aquatic products harvested from the ocean and the areas of mariculture, which include fish, shrimp and crab, shellfish, algae as well as other seawater products from sea water.

Fish: includes all kinds of marine fishes, such as large and small yellow croakers, hairtail, Chinese herring, Spanish mackerel, silver pomfret, porgy, chub mackerel, *Decapterus maruadsi* (T. et S.), anchovy, *Sardinella orientalis,Clupea pallasi* (C. et V.), sea eel, grouper, mullet, red coat, black scraper, etc.

Shrimp and crab: including all kinds of seawater shrimp and crab, such as prawn, *Trachypenaeus curvirotris* (Stimpson), lobster, shrimp, swimming crab, scylla, etc.

Shellfish: includes cuttlefish, squid, oyster, razor clam, clam, mussel, scallop, ablone, Rapana bezoar (Linnaeus) and other shellfish of higher economic value.

Algae: including kelp, laver (*Porphyra* spp.), *Undaria pinnatifida* (Harv.) Suringer, agar, *Gloiopeltis furcata* (P. et R.) J. Ag., *Eucheuma muricatum* (Gmel.) Webervan Bosse, *Gracilaria verrucosa* (Huds) Papenfuss and other algae of higher economic value.

Others: including jellyfish, sea cucumber, pearls and other seawater economic animals and plants.

21.Marine Catches refers to the output of the naturally growing aquatic products caught from the sea.

22.Mariculture Production refers to the output of aquatic products whose young are artificially released or naturally collected, and raised and managed artificially, and which are caught from the waters of mariculture.

23.Mariculture Area refers to the area of the water surface where seawater economic animals and plants, such as fish, shrimp and crab, shellfish and algae, are cultivated artificially by making use of tidal flat, shallow sea and harbor. Whether or not all the products in the area have been harvested or the products have not been harvested yet in the period covered by the report, the area is included in the Mariculture Area. But some tidal flats and water surfaces where none or a small amount of the young have been released and only general management is carried out are not included in the Mariculture Area.

Shallow Sea Culture: refers to the cultivation of seawater economic animals and plants in the cultivable shallow sea.

Harbor Culture: refers to the mariculture carried out in the harbors, bays or the tidal flats, low-lying land blocked by flood gates or dykes near the sea coast and estuaries.

Tidal-Flat Culture: refers to the mariculture carried out in the soft muddy or sandy mud land in the coastal tidal zone which has been levelled, or where dams and dykes have been built.

24.Marine Aquatic Products Processing Industry refers to the industry which uses various productive techniques and technologies to prevent aquatic products from becoming putrid and going bad and retaining the original nutrient components and the unique taste of aquatic products; or to change the original properties of aquatic products and make them into products for various uses. The enterprises which are engaged in the production of processed marine aquatic products are referred to as the marine aquatic products processing enterprises. The aquatic products processing capacity refers to the annual capacity of processing and treating aquatic products designed at the time of building the factory and newly added when the factory is rebuilt or expanded. The processed aquatic products include frozen aquatic products, dry products, salted products, smoked products, tinned goods, fish paste and fish paste products, animal protein feed, auxiliary and additive of internal organ products of aquatic animals, aquatic products condiments, medicines and chemical reagents as well as other processed aquatic products.

25. Gross Output Value of Marine Fisheries only refers to the total amount of output value of seawater aquatic products and output value of marine aquatic products industry.

26.Output Value of Seawater Aquatic Products refers to the total amount of aquatic products from marine fishing and mariculture expressed in money in a given period (usually one year), which includes

(1)output value of aquatic animals and algae artificially cultivated;

(2)output value of the natural aquatic animals fished and the natural algae gathered.

27.Output Value of Marine Aquatic Products Industry refers to sum of the output value of the marine aquatic products processing ship and shipborne machines repairing and building fishing rope and net making.

28.Number of Fishing Vessels Owned refers to the number of motorized and non-motorized vessels used for marine fishery production and owned by enterprises and units in the marine fishery industry of various economic types, such as state-, collective- and privately-owned, and jointly operated enterprises and units (the Chinese-foreign cooperatively operated vessels that belong to the Chinese side), but not includes the fishing boats used by fishery scientific research institutions and schools for scientific survey or practice training as well as transport ships for purchasing owned by the commercial sector.

29.Marine Motorized Fishing Vessels refer to the vessels equipped with machines as motive power and going for marine fishery production and auxiliary fishery production.

Gross Tonnage: is a metric unit defining the tonnage of vessels in accordance with the appropriate provisions of the Ship Tonnage Measurement Convention of the International Maritime Organization. Each 2.83 m^3 (or 100 cubic feet) of the ship's volume is measured as one ton.

30.Fishery Township and Fishery Village refers to the townships and villages in the coastal regions, which mainly go in for marine fishery and where the labor force engaged in marine fishery production occupies over 60% of the total labor force. Some townships and villages whose labor force is not up to the above-mentioned proportions, but which have been oriented mainly to marine fishery and have been approved by the competent department at a higher level as Fishery Township or Village may also be included as Fishery Township or Fishery Village.

31.Fishery Population refers to the laborers who directly go in for fishery production as well as the population they support, including specifically:

(1)the employed population which directly goes in for fishing, mariculture and logistic production of marine fishery;

(2)among the laborers who are concurrently engaged in marine fishery and other non-marine fishery, those who go in for fishery productive activities for an accumulative total period of 3 or over 3 months in the whole year, or those who go in for fishery productive activities for an accumulative total period of less than 3 months in the whole year, but whose net income from fishery exceeds 50% of their total net income;

(3)the population supported in the fishery households;

(4)in the families with both fishing laborers and non-fishing laborers, the population supported by the fishing laborers shared according to the proportion between the net income from fishery and that form non-fishery activities.

32.Fishing Labors refers to those who go in for fishery productive activities for an accumulative total period of 3 or over 3 months in the whole year and whose age is over 16 (not including the school students over 16).

33.Gross Output Value of Offshore Oil and Natural Gas Industry In the light of the current situation of the offshore petroleum enterprises, the gross industrial output value of offshore petroleum enterprises as calculated includes the output value of crude oil, natural gas or finished or semi-finished products on sale as goods after oil (gas) has been processed as well as that of other industrial products and industrial operations that accord with the state' s stipulations. The calculating formula is:

Gross industrial output value calculated at the constant in the period covered by the report= Output of products in the period covered by the report × Constant price.

Gross industrial output value calculated at the price of the current year in the period covered by the report = Σ (sales volume × unit selling price) + Reserves at the end of the period × Average unit selling price in the reported period - Reserves at the beginning of the period× Average unit selling price in the previous period.

34.Output of Crude Oil is calculated on the basis of the net amount of crude oil,i.e., the amount of crude oil that may be directly used for sale and for the production itself.

Output of crude oil = Volume of sales + Reserves at the end of the period
- Reserves at the beginning of the period
+Amount for self-use on the platforms and in the terminal processing plants on land.

35.Output of Natural Gas refers to the total gas volume of sales volume entering the oil collecting and transport pipeline network and that used locally.

Output of natural gas = Volume of sales or transport to other areas
+ Volume used by the enterprise itself

36.Export Volume of Offshore Crude Oil refers to the amount of products for sale abroad.

37.Foreign Exchange Earnings of Offshore Crude Oil refer to the total foreign exchange income from oil (gas) products for sale abroad which is owned by the Chinese side.

38.Gross Output Value of Crude Oil refers to the total volume of output value of crude oil products expressed in money.

Gross Output Value of Crude Oil (at constant price) = Production of crude oil in the reported period × the constant price of crude oil.

Gross Output Value of Crude Oil (at current price) = Production of crude oil in the reported period × selling price of crude oil in the reported period.

39.Gross Output Value of Natural Gas refers to the total amount of output value of natural gas.

Gross Output Value (at constant price) = Production of natural gas in the reported period
× the constant price of natural gas .

Gross Output Value (at current price) = Production of natural gas in the reported period
× selling price of natural gas in the reported period.

40. Beach Placers include the metallic and non-metallic placers exploited on the sandy coast or nearshore seabed. The main species of beach placer are ironore sand, cassiterite sand, placer gold and rare metals placers (rutile,ilmenite,zircon and monazite), diamond placer and gravel as well as nonmetallic building materiels.

41.Total Area of Salt Pans refers to the total area covered by salt pans, including the area already used in production for water storage, evaporation and crystallization, the area of ditches, moats and pond banks within the beach as well as beach mounds, and ditches, moats, highway beyond the beach as well as the area of miscellaneous lands that can be utilized to be extended or reconstructed.

42.Area of Salt Pan Production refers to the sum of the area which has been used for water storage, evaporation and crystallization, ditch, trenches and pond banks within the beach as well as the beach mounds.

43.Year-End Capacity of Crude Salt Production refers to the integrated and balanced capacity of all equipment of the enterprise used for crude salt production at the end of the year. As sea salt production is an open-air operation, which is subject to the effect of weather, the production capacity of a matured salt pan is calculated at the productions of the actual average unit production area in ten years times the production area of the matured salt pan in the current year. The production capacity of new salt pans is calculated at the production that may be reached in the light of the designed capacity and the level of maturity of the salt pan.

44.Marine chemical industry refers to the production of single-processing products with the chemical matters directly extracted from seawater as raw materials such as sea salt, bromide, potassium, magnesium, etc., including the production of caustic soda, sodium hydroxide, soda ash, sodium hydrogencarbonate and other alkalis. It also includes the production of potassium chloride and potassium sulfate with the by-products from salt making as raw materials, as well as the production of processed products of bromide and other elements such as iodine.

45.Marine biological pharmaceutical and health products industry refers to the industry which processes and produces medicines and health products by extracting active constituents from marine organisms.

46.Marine electric power and seawater utilization industry includes the trades engaged in generating electric power from utilizing the natural energy resources such as tidal, wave, thermal, current, wind, salinity gradient energies, utilizing seawater for freshwater production and applying seawater in industrial production and for urban use.

47.Comprehensive Tonnages of Shipbuilding are equal to the sum of tonnage of civilian vessels calculated in deadweight tonnage and in tonnage at full-load displacement.

48.Marine engineering architecture industry refers to the trade engaged in the marine and coastal engineering architecture such as seaport, coastal power station, sea shore ,dykes and dams,etc.

49.Freight Traffic refers to the weight of cargoes actually transported by vessels, which is counted according to the volume of arrival.

50.Freight Ton-kilometer refers to the product of the actually transported cargoes and the transport distance.

51.Freight Volume of Containers includes the weight of both cargoes and container boxes. The weight of container boxes refers to the weight of empty containers rented for transport or having freight income and should be included in the freight volume, one ton of empty boxes equalling to one ton of freight volume. The empty boxes which have no income for transportation are not included in the freight volume. It includes the container freight volume accomplished by the self-owned vessels operated by water transport enterprises, the container freight volume accomplished by the vessels leased out by water transport enterprises in the form of time charter, cruise time charter and voyage charter, as well as the container freight volume accomplished by the bare vessels chartered by water transport enterprises. The container freight volume accomplished by the vessels of other departments organized (or operated instead of these departments) by water transport enterprises will be counted by the enterprises in charge of organization (or operation). The container freight volume accomplished by the vessels chartered by water transport enterprises in the form of time charter, cruise time charter and voyage charter and that accomplished by the bare vessels chartered out by water transport enterprises.

52.Containerized Cargo Weight refers to the actual weight of cargoes transported by using containers.

53.Passenger Transport Volume refers to the number of passengers actually transported by vessels, which is counted according to the number of arrivals.

54.Passenger Turnover Volume refers to the product of the number of passengers actually transported and the shipping distance.

55.Marine Transport Vessel refers to the ships engaged in marine transport activities. Vessels not for marine transport or those for agricultural and fishing production are not included therein.

56.Gross Loading Capacity refers to the maximum deadweight tonnage that may be carried when the vessel reaches the full-load waterline.

Gross Loading Capacity = Full-load Displacement — Empty Vessel Displacement

Ship Constant: refers to the residual sewage and ballast water as well as the parasites on the ship hull, etc. during the operation of the ship.

57.Net Loading Capacity is also called rated loading capacity. It refers to the rated tonnage of vessels for shipping cargoes.

Net Loading capacity = Gross Loading capacity — Fuel and materials — Freshwater and Other supplies — Vessel constant.

58.Passenger Space refers to the rated number of passengers carried by vessels, not including the bunks used by the crew itself.

59.Container Space refers to the box seat equipped with rotating lock devices and specially used for carrying international containers. It is expressed by TEU, which is the abbreviation for "twenty-foot equivalent unit". The coefficients of international standard containers converted to TEU are as follows:

Box Type	Number	TEU
45-feet box	1	2.25
40-feet box	1	2
35-feet box	1	1.75
20-feet box	1	1
10-feet box	1	0.5

60.Power refers to the rated power of main engines of the motorized vessels, expressed in kilowatt.

1 kW = 1.3596 hp

61.Cargo Handled refers to the volume of cargo passing in and out the harbor area of the major coastal ports and having been loaded and unloaded. The volume includes that of the postal matters, registered luggage and fuels, materials and fresh water as supplies of the ships. The volume of freight handled may be classified by direction of flow as freight for import and freight for export, or by nature of cargo as freight for domestic trade and freight for foreign trade. As an important indicator, the volume of freight handled by tripe of cargo and by main flow direction reflects the production capacity of ports.

62.Passengers Leaving and Arriving refer to the number of passengers coming in and out of the harbor area via water transport. It should include the number of passengers coming in and out of the harbor on board tourist vessels, but not include the number of passengers on board ferry boats in the harbor area and those on short-distance voyages, children free of charge and the ship crew. It is measured in person-times.

63.Operating Income refers to the total amount of operational income of the enterprises of marine transportation and communications, including income from transportation, loading and unloading as well as other operating income.

64.Length of Quay Line refers to the length of the areas in the harbor equipped with facilities for mooring vessels used specially for mooring ships, loading and unloading cargoes or for passengers to go on board or to go ashore. It includes the lengths of various types of fixed or floating wharves, but not those of bank revetments and natural bank slopes.

In calculating the length of a wharf, the total length from one end to the other end of the wharf is calculated for fixed-type wharves while, for a floating wharf, only the frontal length of the wharf proper is calculated, not including the lengths of the two ends of the wharf as well as the wharfside.

65.Number of Berths refers to the spaces equipped with facilities for docking ships and the number of ships of the maximum tonnage that may dock or anchor in them. A space for a ship to dock is counted as one berth and the rest are reasoned out by analogy. Berths are divided into wharf berths and buoy berths.

All the wharf berths within the harbor area, whether or not used for production, should be counted, including both the wharf berths whose property rights belong to the port office and the special-purpose ones whose property rights belong to the shipping sector or enterprises.

66.Number of Berths of the 10 000 Tonnage Class includes the berths of the 10 000 ton class and over the 10 000 ton class.

67.The First Class Open Seaports refer to the ports approved by the State Council to open to the outside world (including the ports directly under the Central Government and part of the ports managed by provinces, autonomous regions and municipalities directly under the Central Government.

68.International Tourists Arrivals refer to the number of foreigners, overseas Chinese and the Taiwan Province, Hong Kong and Macao compatriots who have come to China for visiting their relatives and friends, holiday-making, sightseeing, attending meetings or carrying out economic, cultural, sports and religious activities, including the number of people who put up for the night or that of people who do not. Each entry of tourists into the country is counted once.

69.International Tourists Nights refer to the days of stay of the overnight tourists.

70.Foreigners refer to the people with foreign nationality, including foreign nationals of Chinese descent.

71. Compatriots from Hong Kong, Macau and Taiwan Province refer to the Chinese compatriots living in Hong Kong, Macao and Taiwan Province of China.

72.International Tourism (Foreign Exchange) Receipts refer to the total expenditure made by inbound tourists within the territory of China (the mainland) in their course of travel on transport, tours and sightseeing, lodging, food and beverage, shopping, entertainment and etc.

73.Number of Rooms refers to the number of guests rooms actually used by the hotels receiving tourists.

74.Number of Beds refers to the number of beds actually used by the hotels receiving tourists.

75.Marine information consultation and service industry includes the consultation and service of such information as marine resource, environment and economics, etc., e.g., marine social investigation, marine forecast (marine meteorology environmental forecast, disaster information), as well as marine data and literature service, marine computer application service, etc.

76.Senior Technical Title refer to research scientist, associate research scientist; professor, associate professor; senior engineer; senior agronomist; professor-rank and associate professor-rank doctor (pharmacists, nurses and technicians); senior laboratory technician; senior statisticians; senior economic engineer; chief accountant; senior editor (professor and associate professor ranks); senior translator (professor and associate professor ranks); senior journalist; research librarian (professor and associate professor ranks), etc.

77.Intermediate Technical Title refer to assistant research scientist; lecturer; engineer; agronomist; lecturer-rank doctor (pharmacist, nurse and technician); laboratory technician; lecturer-rank statistician; economic engineer; accountant; editor; translator; journalist; librarian, etc.

78.Primary Technical Title refers to trainee researcher; assistant; assistant engineer, technician, assistant agronomist, agricultural technician; assistant-rank doctor (pharmacist, nurse and technician); assistant laboratory technician; assistant statistician; assistant economic engineer, assistant accountant; assistant editor, editor on probation; assistant translator; assistant journalist; assistant research librarian, librarian ,etc.

79.Basic Research refers to the original research to acquire new knowledge. It is aimed at revealing the basic principles and laws of the phenomena and facts observed, but not at any specific practical applications.

80.Applied Research refers to the original research to acquire new scientific and technological knowledge. It mainly serves the purpose of a particular practical application. The purpose of applied research is usually to define the potential uses of the research finds or knowledge obtained from basic research or to identify new methods (principles) or ways to reach a specific and predetermined goal.

81.Experimental Development refers to the systematic work carried out to establish new technologies and systems for producing new materials, products and equipment by using the knowledge obtained from research or practical experience, or to make substantial improvement of the above-mentioned which have been produced or established.

82.Result Application refers to the systematic activities carried out to solve the technical problems that might crop up in the production or practical application of the new products, devices, technologies, techniques, methods, systems and service occurring in the course of R&D activities. They do not bring forth new ideas. Such activities include the finalizing design and trial-production for the purpose of production as well as the adaptive tests to expand the production scale of new products and the application areas of new methods, techniques and technologies.

83.Scientific and Technological Service refers to the activities that are associated with the scientific research and experimental development, and contribute to the generation, dissemination and application of scientific and technological knowledge, which include the demonstrative work of popularization to enlarge the use scope of scientific and technological achievements; the systematic work of providing the users with scientific and technological information and literature service; the technical consultation work of providing users with feasibility reports, technical schemes and recommendations and carrying out technical demonstration; routine observation and monitoring of natural and biological phenomena, and the survey and exploration of resources; collection of universal data on the appropriate social, cultural and economic phenomena, such as statistics and market survey, as well as the routine analysis and sorting-out of these data; the provision for the society and the public of such service as testing, standardization, computation, quality control and patent, but not include the type of the above-mentioned activities carried out by industrial and commercial enterprises for the purpose of normal production.

84.Productive Activity refers to the small-scale and non-conventional productions due to the presence of special technologies and equipment or mastery of a particular technical expertise or secret of success.

85.Marine Scientific Research Institution refers to the institution which has definite research orientations and tasks, high-level academic leading personnel and a fair-sized, qualified research personnel, and basic conditions for research work and which is engaged for a long time in the marine research and development activities in an organized way.

86.Marine Educational Institutions refer to the institutions of high learning and the technical secondary schools with marine specialities.

87.Marine Speciality refers to the ocean-related speciality in the institutions of high learning and the technical secondary schools.

88.Volume of Industrial Waste Water Discharged refers to the quantity of industrial waste water discharged externally through all the outlets in the factory area of the enterprise, including the waste water from production, externally discharged direct cooling water, mine-shaft groundwater discharged beyond the standard and the domestic sewage of the factory area discharged together with the industrial waste water, but not including the indirect cooling water discharge externally.

89.Volume of Industrial Waste Water discharged Directly to Sea refers to the quantity of waste water directly discharged into the sea through the outlets of the enterprise by the sea. Direct discharge means the direct discharge into the sea of waste water through the outlets of the factory, which is not discharged via the urban sewers or other intermediates and is not affected by other water bodies.

90.Volume of Industrial Waste Water Treated refers to the industrial waste water volume actually treated by various water treatment facilities in the period covered by the report, including the quantity of the industrial waste water discharged and reused after treatment. The amount of the waste water which is not up to the state or local standard of discharge upon treatment should be included. If the workshops and outlets of the factory are provided with treatment facilities and carry out graded treatment of the same waste water, the processed volume of industrial waste water cannot be calculated repeatedly.

91.Rate of Industrial Waste Water Treatment refers to the percentage of the processed volume of industrial waste water in the industrial waste water volume that needs to be treated. The calculation formula is:

Rate of Industrial Waste Water Treatment = (Processed Volume of Industrial Waste Water /Processed Volume of Industrial Waste Water Required) × 100%.

Where: Processed Volume of Industrial Waste Water Required = (Processed Volume of Industrial Waste Water + Reused Volume of Industrial Waste Water After Treatment — Up-to-Standard Volume of Industrial Waste Water for Discharge — Up-to-Standard Volume of Industrial Waste Water for Discharge after Treatment).

92. Volume of Up-to-Standard Industrial Waste Water Discharged refers to the externally discharged volume of industrial waste water with all its indexes up to the state or local standard for discharge, including the volume of industrial waste water up to the standard for discharge after being treatment or that without being treated. See GB8978--88 for the state' s discharge standard.

93.Volume of Industrial Waste Water Treated Up to Standard Discharged refers to the discharged volume of waste water that is up to the state or local standard for discharge upon treatment by various water treatment facilities.

94.Volume of Industrial Solid Wastes Discharged refers to the amount of solid wastes discharged out of the facilities and sites for the solid wastes pollution prevention and control, not including the stripped and tunneled waste ores in the excavation of mines (other than gangues and acid or alkaline waste ores).

95.Volume of Industrial Solid Wastes Treated refers to the volume of industrial solid wastes which are to be burned or finally placed at the sites in keeping with the requirement of environmental protection and will not be recovered (including the accumulated amount of storage in former years of industrial solid radioactive matter disposed of in the year).

96.Number of Pollution Treatment Projects Started in the Current Year refers to the total number of environmental pollution control projects for controlling waste water, waste gas, solid wastes, noise and other environmental pollutions (such as electromagnetic wave, offensive odor) started by the state, governmental departments, local governments or enterprises in the period covered by the report mainly for the purpose of pollution control and multipurpose utilization of "three wastes".

97.Number of Pollution Treatment Projects Completed in the Current Year refers to the total number of environmental engineering projects for controlling waste water, waste gas, solid wastes, noise and other pollutions which are completed and put into operation in the period covered by the report.

